REPRODUCCIÓN DE LAS PLANTAS

PARA EL

especialista

Guía básica para producir nuevas plantas para su casa y jardín

David Squire

Editores de la colección: A. y G. Bridgewater

EDICIONES OMEGA

La edición original de esta obra ha sido publicada en inglés por New Holland Publishers (UK) Ltd., Londres, Reino Unido, con el título

THE PROPAGATION SPECIALIST

Traducción
Núria Fernández
Isabel Febrián

Diseño: Glyn Bridgewater
Ilustraciones: Dawn Brend, Gill Bridgewater, Coral Mula y Ann Winterbotham

Plató, 26 - 08006 Barcelona
www.ediciones-omega.es

Edición española producida por Ciurana Disseny. Barcelona. Spain.
ISBN 978-84-282-1459-9

Índice de materias

Prólogo del autor **2**

PARA EMPEZAR

Filosofía del cultivo de plantas **3**
Plantas de fácil reproducción **4**
Equipo y materiales **6**

SEMILLAS

Reproducción por semillas **8**
Plantas a partir de semillas **10**
Anuales resistentes en parterres **12**
Bienales y herbáceas perennifolias **14**
Siembra de semillas de hortalizas **16**
Siembra de semillas en invernadero **18**

ESQUEJES

Esquejes de madera blanda **20**
Esquejes de madera semidura y dura **22**
Esquejes de raíz **23**
Esquejes de yemas foliares **24**
Esquejes de tallo y de hoja **25**
Esquejes de hoja **26**
Esquejes de caña **28**
Cactus y otras plantas suculentas **29**

DIVISIÓN Y ACODO

División de herbáceas perennifolias **30**
División de plantas de interior **31**
Bulbos, cormos y tubérculos **32**
Acodo de arbustos y árboles **33**
Acodo de plantas de interior **34**
Acodo aéreo de plantas de interior **35**
Tallos rastreros y plántulas **36**

INJERTO E INJERTO DE ESCUDETE

La multiplicación de rosales **38**
Injerto de lengüeta y de sillín **39**
Injerto para árboles frutales **40**

ÍNDICE DE PLANTAS DE LA A A LA Z

Índice de nombres comunes **42**
Cómo reproducir plantas **51**

Glosario **79** *Índice* **80**

Prólogo del autor

Para la mayoría de aficionados a la jardinería, el deseo de cultivar plantas es una pasión. Existen muchos métodos de reproducción fáciles y que no precisan un equipo caro o especializado. En realidad, para crear un parterre de flores anuales resistentes sólo se necesitan unos cuantos paquetes de semillas, un rastrillo, una pala cuadrada y una cuerda de jardín. El acodado de una rama poco crecida de un arbusto es también sencillo, mientras que la división de herbáceas perennifolias produce al instante varias plantas nuevas.

Hay unas cuantas plantas que se pueden reproducir fácilmente y, tal vez, ninguna tanto como la *Chlorophytum comosum* (Cinta) o la *Saxifraga stolonifera* (Saxífraga), que tienen plántulas unidas a largos tallos que se pueden fijar en una maceta con sustrato. Otras plantas de interior poseen pequeñas plántulas adheridas al tallo que se pueden separar y enterrar en sustrato para favorecer el enraizado.

Muchas plantas pueden ser reproducidas de diversas formas, algunas complicadas, mientras que otras son sencillas, aunque el desarrollo de nuevas plantas pueda no ser rápido. El acodado, por ejemplo, es fácil, pero el enraizado puede tardar algunos meses. En este libro se describe, cuando es posible, la manera más fácil de reproducción.

El libro contiene un índice ordenado alfabéticamente según el nombre científico actual, aunque se incluyen también nombres utilizados con anterioridad. También se da información sobre los hábitos de crecimiento de cada planta –si es anual, bienal, herbácea, arbusto, árbol o trepadora– para poder conocer mejor por qué determinada planta se reproduce de determinada manera. El índice de nombres comunes le ayudará a encontrar la planta correcta.

Unidades de medida

En este libro se utilizan las unidades de medida del sistema métrico decimal.

ESTACIONES

En este libro se aconseja sobre las épocas del año idóneas para la reproducción de nuevas plantas. Dadas las variaciones climáticas y de temperatura que se producen de forma global y regional, las cuatro estaciones principales se han subdividido en "principios", "mediados" y "finales"; por ejemplo, "principios de primavera", "mediados de primavera" y "finales de primavera". Puede adaptar estas 12 divisiones del año al calendario, lo cual le proporcionará una planificación válida para su zona.

NOMBRES DE PLANTAS

En este libro se proporcionan los nombres botánicos recomendados actualmente. Si se utilizan todavía nombres botánicos anteriores, a menudo más conocidos por los aficionados, también se incluyen, de modo que se pueda saber inmediatamente de qué planta se está hablando.
También se dan los nombres comunes.

Filosofía del cultivo de plantas

Sea cual sea el método que utilice para reproducir plantas, es esencial que, cuando se cultiven vegetativamente (por ejemplo, a partir de esquejes y por división), las "plantas madre" estén libres de plagas, enfermedades y virus. Deberían elegirse buenos ejemplares de las especies a reproducir. Al comprar semillas, asegúrese de que estén bien etiquetadas y de que no sean antiguas (para la mayoría de las especies, la capacidad de germinar disminuye con la edad; véase pág. 9).

¿Cuáles son las claves del éxito?

¿AYUDAR A LA NATURALEZA?

Muchos de los métodos para reproducir plantas, como la siembra de semillas o el acodado, son sólo prolongaciones de los métodos naturales. El injerto y el injerto de escudete difícilmente se ven en la naturaleza, aunque, en ocasiones, los tallos y las ramas se rozan unos contra otros hasta unirse.

Cuando cultive plantas sembradas en el exterior, guíese por el tiempo y el ciclo de las estaciones; no es bueno sembrar si el suelo es duro e impermeable, si está saturado con agua helada o es frío y seco. En la pág. 9 se describen los requisitos para la germinación de semillas.

PRINCIPALES FORMAS DE REPRODUCIR PLANTAS

Semillas

Es el principal modo en que muchas plantas se reproducen. Cada planta de semillero posee los rasgos de sus progenitores, aunque a veces son algo diferentes. Los requisitos para la germinación son humedad, aire y calor. La mayoría de semillas también necesitan oscuridad. Las plantas procedentes de semillas (véanse págs. 8-19) son las anuales, resistentes y semirresistentes, y las bienales, aunque algunas herbáceas perennifolias también pueden producirse de este modo.

Los prados de flores silvestres representan a menudo un festival de colores gracias a las plantas anuales. Se comercializan mezclas de semillas de estas flores.

Acodo

Es una de las formas de multiplicar arbustos con ramas poco crecidas que se da en la naturaleza (véase pág. 33). Los mejores candidatos son los árboles con ramas colgantes o cercanas al suelo, y algunas trepadoras. Cada nueva planta es idéntica a la planta madre y es un método de cultivo de plantas sencillo y popular. Sin embargo, el enraizado no es rápido y, mientras se produce, es esencial que el suelo no tenga malas hierbas y que esté algo húmedo. El "acodo apical" se puede utilizar para algunas plantas, como determinados frambuesos y zarzas.

División

Las plantas en matas, desde herbáceas perennifolias hasta las de interior como la *Sansevieria trifasciata* (Lengua de tigre), se pueden dividir. Cada planta se parece a la madre y, como poseen raíces y tallos, arraiga pronto (véanse págs. 30-31).

Esquejes

Este método para reproducir plantas produce réplicas de las progenitoras. Los esquejes se forman a partir de hojas, yemas y raíces. El método más popular es a partir de brotes y tallos, lo que da lugar a los esquejes de madera blanda, semimaduros (o de madera semidura) y de madera dura (véanse págs. 20-29).

Injerto e injerto de escudete

Son los métodos más complicados y se realizan en plantas que no pueden obtenerse fácilmente con semillas y que no pueden ser divididas o acodadas. El injerto de escudete se realiza uniendo una yema de la variedad deseada con un vástago vigoroso. En el injerto se une una rama con varias yemas al vástago deseado (véanse págs. 38-41).

Plantas de fácil reproducción

¿Cómo empezar?

Existen muchas plantas que pueden ser reproducidas fácilmente por un jardinero aficionado con las técnicas que se describen aquí. La mayoría de éstas no requieren un equipo caro ni complicado y para algunas, como la toma de esquejes de madera dura, se necesita sólo un trozo de suelo bien protegido. El acodado de un arbusto es también sencillo y sólo hacen falta algunas herramientas, aunque el enraizado tarda muchos meses. El injerto y el injerto de escudete son más complejos.

¿SÓLO UNA PLANTA O MUCHAS?

Con la reproducción por semillas, se producen muchas plantas nuevas, mientras que al acodar un arbusto o un árbol se obtiene una sola planta por cada rama acodada. El injerto y el injerto de escudete producen una única planta nueva aunque, cuando se rejuvenece un viejo manzano, se realizan varios injertos siguiendo el método del injerto de corona.

Cuando se usan semillas para producir nuevas plantas, existe una cierta probabilidad de que algunas sean distintas. Sin embargo, con el resto de métodos sin semillas (esquejes, acodos, división, injerto e injerto de escudete), las plantas serán idénticas a sus progenitoras. Los esquejes más populares son los de madera blanda, utilizados para plantas de tallo blando.

Anuales

Plantas que crecen a partir de semillas y que florecen y mueren a lo largo de un mismo año. Sin embargo, muchas plantas que se cultivan como anuales no lo son verdaderamente.

Una imagen de vivos colores

Bienales

Se cultivan a partir de semillas y tienen su crecimiento inicial y su floración en años consecutivos. Muchas de las plantas que se producen de este modo no son estrictamente bienales.

Alcea rosea (Malva loca)

Herbáceas perennifolias

Esta denominación se suele aplicar a plantas de parterre resistentes que se apagan hacia el suelo en otoño, al final de su época de crecimiento, y que vuelven a crecer en primavera.

Popurrí de plantas herbáceas

Rosales

Plantas leñosas y de hoja caduca, principalmente, con una estructura permanente. Se podan con regularidad para favorecer tanto el desarrollo de flores como un crecimiento mejor y más sano.

Rosa 'Paul's Scarlet Climber'

Trepadoras

Conocidas también con el nombre de enredaderas o vides, son plantas que pueden presentar una amplia variedad de tipos de crecimiento, como plantas anuales, leñosas y herbáceas perennifolias.

Vitis (Vid)

Arbustos

Plantas leñosas y perennes, con tallos que crecen desde el nivel del suelo y sin tronco. Sin embargo, dependiendo de la técnica que se utilice, algunas pueden cultivarse como arbustos o como árboles.

Ceanothus thyrsiflorus var. *repens*

Árboles

Plantas leñosas y perennes con tronco visible entre el nivel del suelo y las ramas más bajas. Según la especie, pueden ser de hoja perenne o caduca.

Amelanchier lamarckii

Bayas

Poseen diversos hábitos de crecimiento: desde fresales, que crecen a ras del suelo, hasta varas de fruto, como los frambuesos, y arbustos frutales, como los groselleros espinosos y los groselleros negros, rojos o blancos.

Grosellero rojo

Árboles frutales

Muchos frutos, como las manzanas, las peras, las ciruelas, los albaricoques, las ciruelas damascenas, las cerezas, los melocotones, las nectarinas, las moras y el membrillo, crecen en árboles.

Manzana de la variedad 'Cox'

Hortalizas

Tanto los hábitos de crecimiento como los sistemas de reproducción varían en sumo grado. La mayoría se cultivan de forma anual con semillas, mientras que otras crecen a partir de tubérculos o de bulbos.

Diversoso tipos de lechugas

Plantas condimenticias

Proceden de diversos tipos de plantas: por ejemplo, el perejil es una bienal resistente que se cultiva como anual y el laurel es un arbusto perenne; otras, son herbáceas perennifolias.

Plantas en macetas

Plantas de interior

Plantas que crecen en interiores y en invernaderos; pueden cultivarse a partir de semillas, de esquejes o por división.

Begonia

Equipo y materiales

¿Qué equipo se necesita?

Sea cual sea el cultivo, lo tiene todo a su alcance, desde cajones sembradores, macetas y plantadores, hasta invernaderos y cajoneras frías. Para cultivar plantas leñosas a partir de esquejes de madera dura se necesita un trozo de terreno, arena y una pala. Para acodar un arbusto, unas pocas herramientas. La siembra de anuales semirresistentes a finales de invierno y en primavera requiere un invernadero, un sistema de calefacción, cajones sembradores, sustrato y un tamiz.

HERRAMIENTAS Y MATERIALES

Si se limpian y se mantienen regularmente, muchas de las piezas de un equipo de jardinería duran diez o más años. Los elementos "consumibles", como el sustrato, las cajoneras sembradoras y las macetas, se tendrán que comprar más a menudo cada año, a finales de invierno o principios de primavera. El sustrato se necesitará también en verano, cuando se trasplanten esquejes y plántulas a macetas.

Cuando no los use, ponga elementos como propagadores y calentadores en un cobertizo seco y bien ventilado. Asegúrese de que permanezcan limpios y secos y guárdelos en bolsas de plástico selladas. En los equipos eléctricos, compruebe periódicamente el estado de cables y enchufes. Cuando guarde sustrato de un año para otro, selle la abertura de la bolsa para impedir que se seque y se contamine.

Tipos de sustrato

Hay varios tipos de sustrato comercializados, como el de turba y el de marga.

- Para sembrar semillas en macetas y en cajones sembradores, la mayoría de jardineros aficionados prefiere utilizar bolsas de sustrato ya preparado, en lugar de comprar los ingredientes y mezclarlos.
- Para enraizar esquejes, lo mejor es usar una mezcla a partes iguales de turba húmeda y arena fina.

Sustrato

Tamices

Necesitará un tamiz para horticultura de base plana, de unos 15-20 cm de ancho y de 7,5-10 cm de profundidad, para cubrir las semillas con sustrato. Puede utilizar un colador de cocina como alternativa.

Tamiz

Cajones sembradores y macetas

El uso de cajones sembradores de plástico es esencial cuando se siembran plantas anuales semirresistentes en invernaderos. El tamaño de maceta más habitual es el de 7,5-8 cm. Se comercializan macetas de plástico y de barro. Las macetas poco profundas, las "Jiffy", son muy útiles.

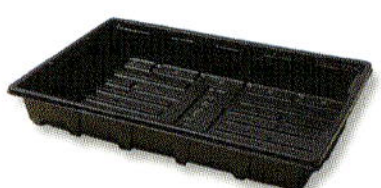

Cajón sembrador (plano)

Cajón sembrador con "celdas"

Maceta de barro

Macetas "Jiffy"

Plantador

Los plantadores de plástico, de 10-15 cm de longitud, son útiles para el trasplante de las plántulas desde el lugar de germinación a espacios más amplios, ya sea en cajones sembradores o en macetas individuales. Los plantadores de plástico son más fáciles de mantener limpios.

Plantador

Invernaderos

Para cultivar plantas anuales semirresistentes (plantas de parterre de floración estival) en primavera es importante disponer de un invernadero con calefacción. Existen diversos tipos comercializados, como el "asimétrico", el "cobertizo" y el "minicobertizo", así como los parcialmente acristalados. Para todos ellos es esencial una buena ventilación, así como un sistema de calefacción para finales de invierno y primavera. Cuanto mayor es el invernadero, más fácil es alcanzar una temperatura uniforme y constante.

Asimétricos: oriente la cumbrera de este a oeste

Cobertizos: colóquelos contra una pared cálida y protegida

Minicobertizo: fíjelo a una pared protegida del viento

Acristalado: oriente el cristal hacia el sol

HERRAMIENTAS Y MATERIALES

Aislamiento de invernaderos

En los invernaderos de madera o de metal, cuando siembre semillas a finales de invierno y en primavera, instale cubiertas de plástico bien sujetas, con el fin de ahorrar costes de calefacción. Deje espacio para que funcione el ventilador y utilice chinchetas para sujetar la cubierta en los invernaderos de madera o clavijas de plástico especiales en el caso de los de aluminio.

Caldeo de un invernadero

Quemadores de parafina (queroseno): dan calor y emiten humedad, que tendrá que escapar a través de ventiladores. Son eficientes, pero si no tienen un buen mantenimiento y la mecha es demasiado larga, pueden producir humo.

Generadores eléctricos de aire caliente: la mayoría incorporan termostatos para asegurar el mantenimiento de la temperatura deseada. Es importante que los cables y los enchufes sean resistentes al agua. Evite corrientes de aire caliente sobre las plantas.

Calentadores eléctricos tubulares: sujetos a las paredes interiores y controlados por un termostato.

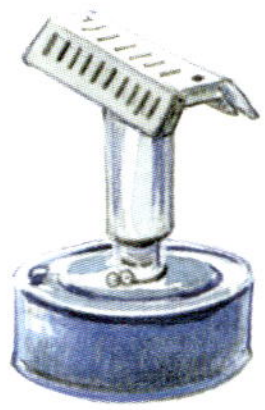

Quemador de parafina (queroseno)

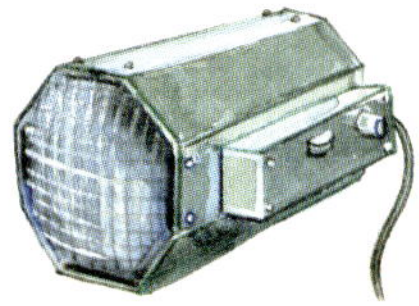

Generador eléctrico de aire caliente

Propagadores

Permiten que las semillas germinen y que los esquejes arraiguen sin caldear la totalidad del invernadero.

Propagadores eléctricos: son limpios y efectivos, pero asegúrese de que se han instalado correctamente para su uso en ambientes húmedos.

Propagadores de parafina (queroseno): adaptables y versátiles, se pueden reposicionar en el interior.

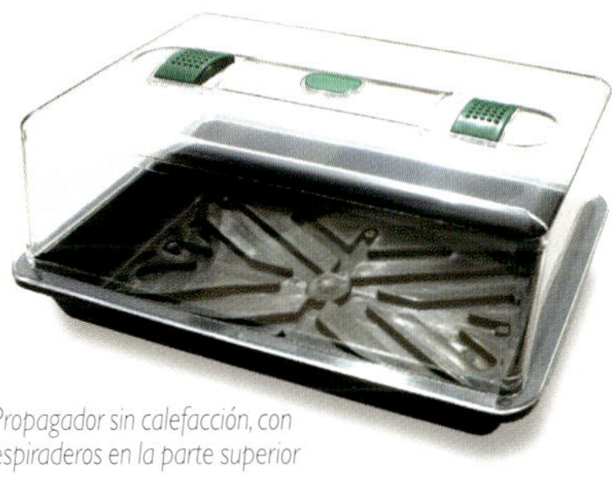

Propagador sin calefacción, con respiraderos en la parte superior

Cajoneras

Las cajoneras frías son ideales para la aclimatación de plantas antes de trasplantarlas a finales de primavera o principios de verano. No tienen calefacción y necesitan ventilación.

Tarros de cristal

Las campanas de cristal protegen las semillas jóvenes y las plántulas, favoreciendo la germinación y el crecimiento inicial. Se pueden utilizar a este efecto botellas de plástico o tarros de conservas.

Recipiente en forma de campana

Bolsas de plástico

Cuando tome esquejes de madera blanda (véanse págs. 20-21), introduzca en el sustrato cañas de corta longitud y coloque una bolsa de plástico, bien estirada, encima. Sujete la bolsa a la maceta con una cinta elástica.

Tierra de parterre

Una esquina resguardada con suelo desmenuzable, bien drenado, puede constituir un excelente vivero de plantas. También puede usarse para la toma de esquejes de madera dura (véase pág. 22).

Sistema de riego en neblina (Mist)

Durante generaciones, los jardineros expertos han utilizado los sistemas de riego en neblina para favorecer el enraizado de los esquejes de madera blanda. Sin embargo, no se han comercializado sistemas pequeños, para aficionados. Se insertan los esquejes en sustrato bien drenado (ligeramente templado) y el sistema cubre de forma regular las hojas con una fina película de agua. Con ello, se mantienen las hojas frescas y llenas de humedad hasta que se desarrollan las raíces, momento en el que se deberían trasplantar los esquejes a tiestos pequeños.

ELECCIÓN DEL MOMENTO

El éxito en el cultivo depende en gran medida de la elección del momento adecuado. A finales de invierno y primavera, las semillas se siembran en invernaderos y, a principios de verano, en el exterior. Las herbáceas perennifolias se dividen mejor en primavera. Los esquejes de madera blanda se suelen tomar a finales de primavera y principios de verano (cuando se dispone de brotes tiernos); los esquejes de madera semidura, a mediados de verano, y los esquejes de madera dura procedentes de maderas maduras, a finales de verano y principios de otoño, aunque pueden tomarse hasta finales de invierno.

CUIDADOS POSTERIORES

Después de la siembra de semillas, la división de plantas o la toma de esquejes, la nueva planta precisa atención y cuidados hasta que se establece y crece fuerte.

Reproducción por semillas

¿Existen muchos tipos?

Existe una amplia variedad de semillas, desde las de tipo "polvo" a las "aladas" y "plumadas"; las hay carnosas y también duras (en la parte inferior se describen los detalles y los requisitos de su siembra). La siembra de semillas es el principal método de producción de plantas y el menos caro. Es también un modo de llamar la atención de los niños y convertirlos en jardineros; además, sirve para que crezcan en un entorno que aprecia las plantas y respeta el medio ambiente.

LA RECOLECCIÓN DE SEMILLAS

Aunque la mayoría de jardineros compran cada año semillas nuevas de hortalizas, anuales resistentes y plantas de invernadero, algunos prefieren recolectar y guardar semillas de plantas que ya han florecido. Sin embargo, las plantas resultantes pueden, en ocasiones, ser variables. Además, cuando la planta es híbrida, lo cual se indica con el signo x entre el primer nombre (genérico) y el segundo (específico), sus semillas no reproducirán el tipo con exactitud, ni tampoco lo harán aquellas variedades que sean híbridos F1 (véase la definición de F1 en el recuadro de la página siguiente).

TIPOS DE SEMILLAS

Pueden agruparse en seis tipos principales, que influyen en el modo en que se deben sembrar.

- **Tipo "polvo":** estas semillas, muy finas, pierden pronto su capacidad de germinación; es mejor sembrarlas cuando son nuevas, presionando hacia el interior la superficie del sustrato. Como ejemplo, las semillas de *Begonia* y de *Meconopsis*.
- **De cubierta dura:** por ejemplo, *Lathyrus odoratus* (Guisante de olor); las variedades de coloración púrpura y carmesí tienen semillas con cubierta especialmente dura. Para favorecer la rapidez de la germinación, rasgue la cubierta con un cuchillo afilado por la cara opuesta al "ojo" (un proceso llamado escarificación).
- **Semillas carnosas:** las semillas de algunos vegetales, como las judías o los guisantes de jardín, son carnosas; facilite su germinación poniéndolas en remojo días antes de sembrarlas. *Aesculus hippocastanum* (Castaño de Indias), *Castanea sativa* (Castaña) y *Quercus* (Roble) poseen semillas carnosas.
- **Semillas oleaginosas:** por ejemplo, las semillas de *Magnolia*. Pierden pronto su capacidad de germinación, por lo que deberían sembrarse inmediatamente después de ser recogidas.
- **Semillas "aladas":** las de árboles como *Acer pseudoplatanus* (Arce), *Fraxinus* (Fresno) y *Tilia* (Tilo). Las "alas" se pueden quitar cuando se limpia la semilla, y después se siembran de la forma habitual.
- **Semillas "plumadas":** por ejemplo, *Erigeron* y *Scabiosa* (Escabiosa); si la "pluma" aún está presente, puede ser difícil sembrarlas.

RECOGIDA DE SEMILLAS

Para la recolección es importante escoger un día seco y soleado, y mantener separadas las semillas de diferentes especies. Las "plantas madre" deben estar sanas, sin malas hierbas ni enfermedades y ser representativas de su clase. Recoja siempre las pulpas o vainas antes de que empiecen a abrirse. Es mejor que se sequen lentamente con calor suave que rápidamente con altas temperaturas.

1 *Si toda la planta está casi madura, puede arrancarla, darle la vuelta, colocarla dentro de una bolsa fina de papel y colgarla en el interior de un cobertizo aireado y seco (véase a la izquierda). Si no, esparza las pulpas y vainas individualmente en hojas de papel y colóquelas cerca de una ventana, de forma que puedan abrirse a pleno sol.*

2 *Una vez que las vainas estén secas, separe las semillas colocándolas en un cedazo y frote o golpee suavemente (véase a la izquierda). Cuando estén secas, póngalas en bolsas de papel u otro tipo de contenedores, etiquételas y almacénelas (véase página siguiente).*

CÓMO AYUDAR A LAS SEMILLAS A GERMINAR

A menudo, parece que las semillas puedan germinar en los lugares más inhóspitos, como en grietas en el pavimento o en lo alto de las paredes. Las semillas de plantas nativas suelen mostrar su tenacidad y adaptabilidad.

Cada semilla posee un embrión de planta rodeado y protegido por una cubierta y con una reserva nutritiva. La germinación se desencadena por la presencia de humedad, aire y calor. La mayoría de las semillas necesitan oscuridad y algunas necesitan luz.

- **Humedad:** es esencial para reblandecer las cubiertas de las semillas y permitir que las raíces se desarrollen y que los brotes sigan su camino. Al inicio de la germinación, una semilla absorbe grandes cantidades de agua, que estimulan su crecimiento. Primero se desarrollan las raíces y luego los brotes.
- **Aire:** todos los procesos vitales, incluyendo la germinación, necesitan oxígeno. Para permitir su paso el sustrato debe estar bien drenado, lo que permite que el aire alcance las semillas. Tanto en el suelo como en el sustrato hay una tendencia al equilibrio entre retener la suficiente humedad y permitir la presencia de aire. Tenga un suelo o sustrato que retenga la humedad pero que esté bien drenado.
- **Calor:** es vital que haya una temperatura adecuada para iniciar y favorecer la actividad química en el interior de las semillas en presencia de aire y humedad. La temperatura óptima varía mucho según las semillas. Tras ser liberadas de la planta madre suelen sufrir un periodo de latencia que, para muchas plantas, coincide con el tiempo frío. El enfriamiento de las semillas de algunas plantas estimula la germinación (véase "Estratificación de semillas", a la derecha).
- **Luz:** su influencia en la germinación es variable y muchas semillas germinan tanto con luz como en la oscuridad. Sin embargo, en lugar de dejar las semillas sobre la superficie del sustrato o del suelo, es mejor sembrarlas a una profundidad que permita un buen desarrollo de las raíces y que las mantenga húmedas. El propio sustrato o suelo proporciona a las plántulas una base segura. No obstante, algunas semillas sólo germinan expuestas a la luz.

VIABILIDAD DE LAS SEMILLAS

La capacidad de germinación de una semilla cuando se dan las condiciones adecuadas (véase a la izquierda) disminuye gradualmente. La respuesta a la pregunta cuánto tiempo van a ser viables depende de varios factores:

- **Almacenamiento:** en la zona inferior se describen las mejores formas de almacenar semillas.
- **Tipo de planta:** existe una amplia variación; mientras que las semillas de Sauce mantienen su viabilidad unos cuantos días y las de *Cocos nucifera* (Cocotero) sólo unos días más, a las de *Nelumbo nucifera* (Loto) se les atribuye una viabilidad de más de 100 años.

Lo que interesa a los jardineros suele ser la viabilidad de las semillas de hortalizas.

HORTALIZA	VIABILIDAD	HORTALIZA	VIABILIDAD
Brécol	5 años	*Judía*	3 años
Calabacín	4 años	*Lechuga*	5 años
Calabaza	4 años	*Maíz dulce*	2 años
Cebolla	1 año	*Pepino*	5 años
Col	5 años	*Pimiento*	2 años
Coliflor	5 años	*Rábano*	5 años
Espárrago	3 años	*Remolacha*	4 años
Espinacas	5 años	*Tomate*	4 años
Guisante	3 años	*Zanahoria*	3 años

Almacenaje de semillas

Si almacena semillas recogidas de su propio jardín, es importante que retire los restos orgánicos que puedan contener, ya que si los deja, se pudrirán y ello favorecerá la descomposición de las semillas. Recoja siempre las semillas tan pronto estén maduras (véase página anterior).

Tanto las semillas de recolección propia como las compradas (que pueden ser restos del año anterior) deben almacenarse en un lugar seco, oscuro y aireado, a una temperatura de entre 1 y 5 °C. La mejor solución para muchos jardineros consiste en introducirlas en bolsas de papel o en contenedores de vidrio o de polietileno bien sellados, y almacenarlas después en un refrigerador.

Estratificación de semillas

Es un sistema que favorece la germinación de las semillas mediante el reblandecimiento de sus cubiertas, para permitir la entrada del agua. Consiste en ponerlas en remojo y enfriarlas durante varias semanas, para simular su periodo natural de latencia. Se usa principalmente para semillas de arbustos y árboles, grandes y semiduras, como *Amelanchier*, *Cotoneaster*, *Euonymus*, y algunas de viburno. Tradicionalmente, las semillas se ponían entre capas de arena fina y se dejaban en el exterior durante el invierno, de aquí el nombre "estratificación".

Híbridos F1

En las últimas décadas, las compañías suministradoras ofrecen cada vez más flores y plantas híbridas F1. Esto último significa que son la primera generación filial, el resultado del cruce de dos progenitores de tipo puro. Su progenie es grande, fuerte y uniforme. Sin embargo, las semillas obtenidas de ellas no producirán réplicas de los progenitores.

Plantas a partir de semillas

¿Producen semillas todas las plantas?

La mayoría de las plantas con flores silvestres, desde las que se ven en las praderas hasta las que salen en el césped, se multiplican mediante semillas. Lo hacen de forma natural y satisfactoria, aunque no todas las semillas germinan. Sin embargo, para muchas plantas cultivadas, un buen inicio es tomar esquejes y enraizarlos, o dividir plantas ya establecidas. Con los injertos y los injertos de escudete se obtienen plantas con raíces vigorosas, lo que influye en su crecimiento.

EL CAMBIO DE LOS CICLOS VITALES

En países de clima templado, muchas de las plantas procedentes de semillas presentan patrones de crecimiento o ciclos vitales distintos de los que tendrían de forma natural. *Lobelia erinus* (Lobelia) es una planta perenne semirresistente que suele cultivarse como una semirresistente anual. *Mirabilis jalapa* (Dondiego de noche) es una perenne cultivada como semirresistente anual e *Impatiens walleriana* (Balsamina), es una perenne de invernadero que se cultiva como semirresistente anual. *Bellis perennis* (Margarita) y *Dianthus barbatus* (Clavel) son perennes cultivadas como bienales. El objetivo de alterar el ciclo de crecimiento es reproducir muchas plantas a la vez de la forma más fácil.

CUÁNDO SEMBRAR

El ciclo vital de las plantas, desde las anuales resistentes a las semirresistentes, las bienales y las herbáceas perennifolias resistentes, influye en cuándo y cómo sembrarlas:

Anuales resistentes

Siémbrelas a mediados y finales de primavera (véanse págs. 12-13). Existe una amplia variedad y se pueden hacer popurrís, como un borde amarillo con lupinos en la parte delantera y girasoles altos en la trasera.

Agrostemma githago 'Milas'

Anuales semirresistentes

Siémbrelas principalmente a finales de invierno y en primavera, en invernaderos caldeados (véanse págs. 18-19). Una mezcla tradicional es la que se hace con *Begonia semperflorens* (Begonia), *Lobelia erinus* (Lobelia) y *Lobularia maritima* (Lobularia).

Petunia x *hybrida*

Bienales resistentes

Siémbrelas en vivero, en primavera y a principios de verano (véanse págs. 14-15). Para obtener más color, combine bulbos que florecen en primavera, como los tulipanes, con bienales muy comunes, como *Bellis perennis* (Margarita) o *Myosotis sylvatica* (No-me-olvides).

Dianthus barbatus

Herbáceas perennifolias resistentes

Siémbrelas en viveros, en primavera y a principios de verano (véanse págs. 14-15). En los catálogos de semillas hay abundantes herbáceas perennifolias que pueden cultivarse a partir de éstas, como *Achillea* (Milenrama), *Dictamnus albus* (Díctamo) y *Echinacea purpurea* (Equinácea purpúrea).

Coreopsis verticillata

Arbustos y árboles

Sus semillas pueden sembrarse en cualquier época del año. Como suelen tener cubiertas duras, es necesario estratificarlas (véase pág. 9). Como alternativa, descascaríllelas o líjelas para aumentar las posibilidades de germinación.

Cistus x *dansereaui*

Trepadoras

Lathyrus odoratus (Guisantes de olor)

Muchas trepadoras se reproducen mediante esquejes o acodado de los tallos, pero hay algunas que pueden cultivarse a partir de semillas, como *Lathyrus latifolius*, *Lathyrus odoratus* (Guisante de olor) y *Tropaeolum peregrinum* (Canaria).

Hortalizas

Lechuga 'Trocadero'

La mayoría de las hortalizas crecen a partir de semillas (véanse págs. 16-17). Muchas de estas hortalizas, como los guisantes, las lechugas, la remolacha o las cebolletas, deben sembrarse en el mismo lugar en el que germinarán y crecerán hasta que sean recolectadas. Otras, como las coles de Bruselas y la col, deben sembrarse en viveros y ser trasplantadas posteriormente a sus lugares de crecimiento.

Plantas condimenticias

Petroselinum crispum (Perejil)

Algunas plantas condimenticias son bulbosas, como las conocidas *Allium sativum* (Ajo) y *Allium schoenoprasum* (Cebollino), y se pueden reproducir mediante división. Otras, como *Anethum graveolens* (Eneldo), *Anthriscus cerefolium* (Perifollo), *Carum carvi* (Alcaravea), *Ocimum basilicum* (Albahaca), *Origanum majorana* (Orégano), *Petroselinum crispum* (Perejil) y *Satureja hortensis* (Tomillo), se cultivan principalmente a partir de semillas. En el índice de la A la Z (véanse págs. 42-78) se presentan, entre otras, las plantas anteriores.

Palmeras

Para favorecer la germinación son necesarias semillas nuevas y temperaturas altas, hasta de 35 °C. No obstante, existe un método más fácil, que consiste en mezclar las semillas con turba húmeda y colocarlas en una bolsa resistente y transparente de polietileno. Séllela y póngala en el interior de un invernadero caldeado, a la sombra, hasta que la bolsa se desprenda. Cuando aparezcan las raíces y las hojas, trasplante las plántulas a macetas individuales.

¿En qué consiste la germinación?

Para la mayoría de los jardineros, la germinación se produce cuando aparecen los brotes jóvenes por encima de la superficie del suelo, en el jardín, del sustrato, en las cajoneras sembradoras (planas) o de las macetas, en los invernaderos. Técnicamente se produce cuando brota el embrión de planta que hay en el interior de la semilla, iniciándose el crecimiento de los tallos y las raíces. En la pág. 9 se describen los requisitos para la germinación.

LA SIEMBRA DE SEMILLAS MUY FINAS

Las semillas finas, como las de *Begonia* y *Meconopsis*, son difíciles de ver y de manejar, ya que parecen polvo. Aunque se pueden presionar sobre el sustrato, es mejor mezclarlas con arena silícica seca y sembrarlas.

- Escoja una maceta poco profunda, de unos 13 cm de diámetro, y llénela con un sustrato de tierra (éste tiene una textura más fina que la de las mezclas artificiales y da lugar a una superficie más plana para las semillas finas).
- Compacte el sustrato con los dedos, rellene y nivele con la superficie de la maceta. Utilice un aplastador de sustrato redondo para nivelar la superficie a 12 mm por debajo del borde.
- Abra el paquete de semillas y añada una cucharadita de arena silícica. Cierre el paquete y agítelo para asegurarse de que los componentes se mezclan bien.
- Algunos jardineros siembran las semillas a voleo, directamente del paquete, pero a menos que tenga experiencia, lo más probable es que le queden amontonadas.
- En lugar de hacerlo así, eche la mezcla de semillas sobre un trozo de papel rígido o de cartulina de color blanco, de unos 15 cm de longitud y unos 6 cm de largo, que doblado en forma de "V". Así, puede ver fácilmente la mezcla de semillas y arena silícica y asegurar la distribución uniforme de las semillas, dirigiendo el papel hacia el sustrato y dando unos golpecitos en el extremo, para que caigan las semillas.
- No es necesario cubrir las semillas. Simplemente, use un aplastador o la tapa de un tarro para introducirlas en el sustrato.
- Deje la maceta en un cuenco poco profundo lleno de agua; cuando la humedad empiece a filtrarse hacia la superficie del sustrato, quite la maceta y déjela secar. Después, cúbrala con una tapa transparente o póngala dentro de una bolsa de plástico y séllela.
- Retire la bolsa tan pronto como aparezcan las plántulas.

Anuales resistentes en parterres

¿En qué consiste la germinación?

Hay muchas plantas anuales resistentes que crecen en jardines (página 13). En este caso, simplemente se siembra en el lugar donde germinarán, crecerán y florecerán, ya sea en parterres para plantas anuales o como relleno en parterres mixtos, o bien de herbáceas ya establecidas. Cuando siembre en parterres anuales resistentes, haga grupos según el tamaño final de las plantas, de modo que se ensamblen bien y se obtenga un parterre colorido durante todo el verano.

¿CUÁNDO SE DEBE SEMBRAR?

Sembrar las anuales resistentes demasiado pronto en primavera representa un derroche de tiempo y semillas. Éstas no germinarán, e incluso se deteriorarán antes de que se den las condiciones adecuadas de germinación.

Algunos consejos para la siembra:

- Lo más pronto que pueden sembrarse depende del tiempo que haga, y el momento óptimo puede variar hasta en intervalos de siete a diez días, o incluso más.
- En los jardines cálidos, situados de forma inclinada cara al sol, se puede sembrar antes que en los más fríos y cara al viento.
- Mientras espera que el sol caliente y seque ligeramente el jardín, evite caminar sobre éste, ya que se produciría compactación.
- Espere hasta que la superficie del suelo esté seca y quebradiza, lo que suele ocurrir a mediados o finales de primavera.

CÓMO SEMBRAR ANUALES RESISTENTES EN PARTERRES

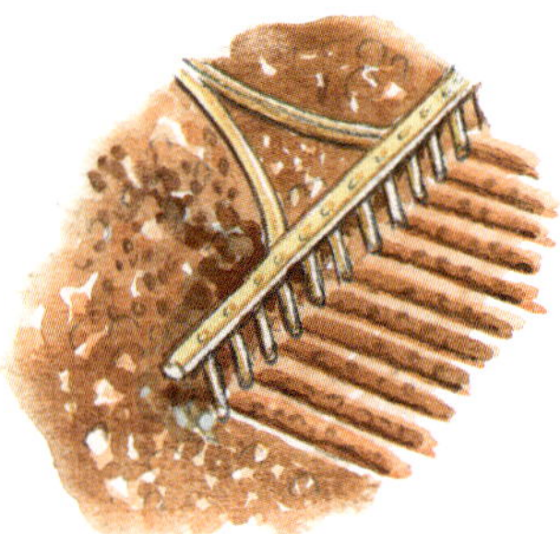

1 Labre el suelo en invierno y, a mediados de primavera, utilice un rastrillo para nivelar la superficie y quitar las piedras grandes.

2 Para aplastar el suelo de manera uniforme, arrastre lateralmente y de forma sistemática los pies sobre la totalidad de la zona. Después, utilice un rastrillo para borrar las huellas y volver a nivelar la superficie.

3 Cuando la superficie esté nivelada, utilice un palo afilado para marcar zonas individuales de siembra o utilice arena fina para definir las zonas de siembra. Haga las zonas de esquina más grandes y dominantes.

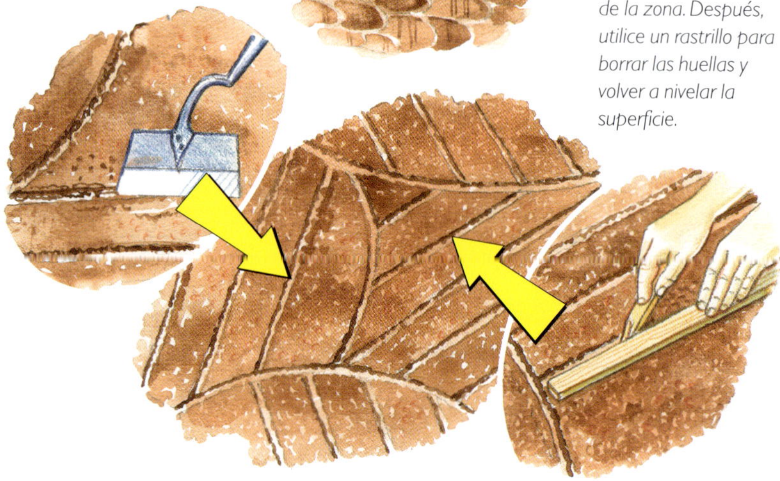

4 En el interior de las zonas de siembra, cave surcos de unos 12 mm de profundidad cada 20 cm. Los surcos de cada zona deben tener ángulos distintos a los de la zona contigua, para evitar que el parterre parezca reglamentado. Hay dos formas de hacer los surcos: con una pala cuadrada (véase la parte superior izquierda) o con un palo afilado guiado por otro palo (superior derecha). Para una zona pequeña, lo ideal es usar un listón de guía.

CÓMO SEMBRAR ANUALES RESISTENTES EN PARTERRES

5 Proceda a sembrar las semillas esparciéndolas uniformemente sobre la base de cada surco. Etiquete cada zona de sembrado con el nombre de la planta anual y la fecha de siembra.

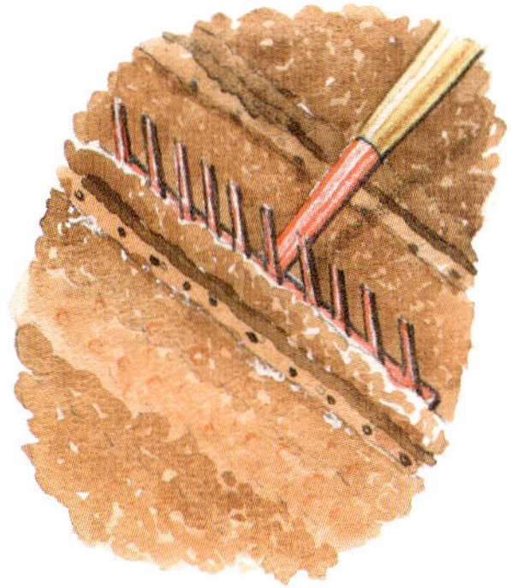

6 Utilice el extremo plano del rastrillo de metal para levantar la tierra friable y echarla sobre las semillas. Después, use el mismo rastrillo para aplastarla, dando unos golpecitos.

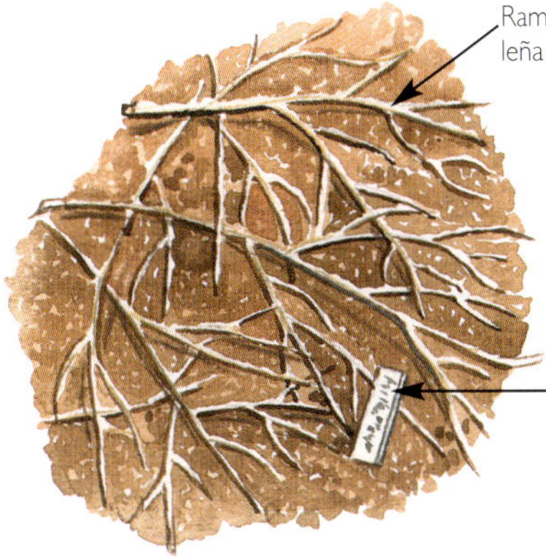

7 Cuando haya completado la siembra, riegue con moderación toda la zona, sin dañar las semillas (utilice un pulverizador en forma de pera). Después, para evitar que los pájaros dañen la superficie, extienda sobre ésta ramitas de leña menuda o bien una red de algodón de color negro. Quite estas protecciones en cuanto las semillas germinen.

8 Cuando las plántulas sean lo suficientemente grandes como para manejarlas, entresáquelas con cuidado sin que se dañe excesivamente el suelo o las raíces del resto de plántulas. Coloque las plántulas extraídas sobre un montón de sustrato, no las deje sobre la superficie del suelo. Después riegue con moderación toda la zona.

PLANTAS ANUALES QUE SE PUEDEN SEMBRAR DE ESTA FORMA

Existe una amplia variedad de plantas anuales que se pueden sembrar cada año en parterres. En el índice de la A a la Z de la reproducción de las plantas (véanse págs. 42-78), se puede encontrar la descripción de las siguientes plantas:

- *Agrostemma githago* 'Milas' (Neguilla)
- *Amaranthus caudatus* (Moco de pavo)
- *Calendula officinalis* (Maravilla)
- *Chrysanthemum carinatum* (Crisantemo)
- *Clarkia elegans* (Palqui)
- *Clarkia pulchella* (Funsia de verano)
- *Consolida ajacis* (Espuela de caballero)
- *Convolvulus tricolor*
- *Eschscholzia californica* (Amapola de California)
- *Gypsophila elegans* (Nebulosa)
- *Helianthus annuus* (Girasol)
- *Hibiscus trionum* (Hibisco)
- *Iberis umbellata* (Carraspique)
- *Lavatera trimestris* (Lavatera)
- *Limnanthes douglasii*
- *Linaria maroccana* (Linaria)
- *Linum grandiflorum* (Lino)
- *Linum usitatissimum* (Lino)
- *Lobularia maritima* (Lobularia)
- *Lychnis viscaria* (Cruz de Malta)
- *Malcolmia maritima* (Alhelí)
- *Matthiola bicornis* (Alhelí)
- *Nigella damascena* (Arañuela)
- *Papaver rhoeas* (Amapola de campo)
- *Papaver somniferum* (Adormidera)
- *Roseda odorata* (Reseda)
- *Rudbeckia hirta* (Rudbequia)
- *Scabiosa atropurpurea* (Escabiosa)

Bienales y herbáceas perennifolias

¿Son plantas de larga duración?

Las bienales son plantas que florecen en su segundo año de crecimiento. En el caso de jardines, se siembran en primavera y a principios de verano, para que florezcan el siguiente año, cuando se suelen desechar una vez cesa la floración. Sin embargo, en la naturaleza, muchas bienales son en realidad perennes, y continuarán creciendo y autosembrándose. Una vez plantadas, las herbáceas perennifolias duran de 3-5 años, antes de que necesiten ser divididas.

¿CUÁNDO SE DEBEN SEMBRAR?

Tanto las bienales resistentes como las herbáceas perennifolias pueden sembrarse en macizos de exterior y, posteriormente, las plantas jóvenes se pueden trasplantar a sus emplazamientos definitivos de crecimiento, en arriates o parterres.

Bienales resistentes

- Siembre las semillas en surcos, en un macizo de exterior, en primavera o a principios de verano.
- Extraiga las plántulas cuando empiecen a ser lo bastante grandes como para poder manejarlas. Si es necesario, vuelva a aplastar el suelo situado alrededor de las restantes.
- En otoño del mismo año o a principios de primavera del siguiente, transfiera las plantas.

Herbáceas perennifolias

- Siembre las semillas en surcos, en un macizo de exterior, en primavera o a principios de verano. Más tarde, entresáquelas, para aumentar el espacio disponible y, posteriormente, plántelas en un vivero. En primavera o a principios de verano del año siguiente, plántelas en parterres, sin olvidar regarlas.
- Como método alternativo, siembre las semillas en primavera y a principios de verano en macetas de poca profundidad, y colóquelas en el interior de un armazón de sombra; de este modo, se favorece la rapidez de la germinación y se impide que el sustrato esté demasiado húmedo.
- La mejor elección es sembrar las semillas en primavera y a principios de verano en cajoneras sembradoras.

CÓMO SEMBRAR BIENALES Y HERBÁCEAS PERENNIFOLIAS

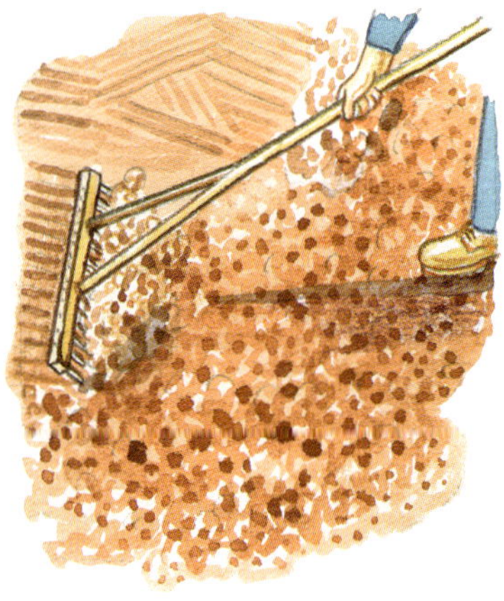

1 *Durante el invierno, labre una zona del jardín bien resguardada, para hacer un vivero de exterior. Quite las malas hierbas perennes. A principios de primavera, utilice un rastrillo para nivelar la superficie y dejarla en condiciones para el cultivo. Si el suelo es pedregoso, no quite todas las piedras, ya que impiden la compactación.*

2 *Para aplastar uniformemente la superficie, dé pasos laterales, lo cual, además de consolidar el suelo, ayuda a eliminar las posibles protuberancias. Es mejor no utilizar un rodillo de jardín, ya que no deja la superficie uniforme. Además, si el suelo está húmedo, pueden quedar terrones.*

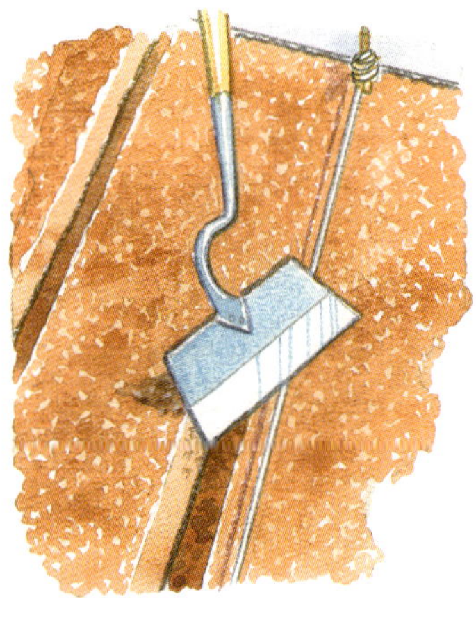

3 *Utilice cañas cortas para marcar los finales de cada línea de plantación y coloque una cuerda de jardín bien estirada entre ambas. Después, use el filo de una pala cuadrada para formar un surco poco profundo, de unos 6-12 mm de profundidad. Quite la cuerda antes de sembrar las semillas.*

CÓMO SEMBRAR BIENALES Y HERBÁCEAS PERENNIFOLIAS

4 Siembre las semillas en las bases de los surcos de forma uniforme y sepárelas bien. Una gran aglomeración de plántulas las hace más susceptibles a las enfermedades y crea una innecesaria competición por el agua, el aire y los nutrientes. Evite la compactación.

5 Recubra las semillas con tierra "haciendo un puente" sobre la línea de plantación y echando suelo friable sobre ésta o utilizando el extremo plano de un rastrillo para levantar la tierra y echarla sobre las semillas. Compacte la superficie con sus pies o con el extremo plano del rastrillo.

6 Etiquete los extremos de las líneas de plantación y pase con suavidad el rastrillo (en la dirección de las líneas, no al través), para borrar las huellas y nivelar toda la superficie del suelo. Con esto, se evitará que el agua se encharque.

Bienales que se cultivan de esta forma

- *Alcea rosea* (Malva loca)
- *Bellis perennis* (Margarita)
- *Dianthus barbatus* (Clavel)
- *Digitalis purpurea* (Dedalera)
- *Erysimum* x *allionii* (Alhelí siberiano)
- *Erysimum alpinum* (Alhelí alpino)
- *Erysimum cheiri* (Alhelí)
- *Myosotis sylvatica* (No-me-olvides)

Herbáceas perennifolias que se cultivan de esta forma

- *Acanthus mollis* (Acanto)
- *Acanthus spinosus* (Acanto)
- *Achillea* (Milenrama)
- *Campanula* (Campanilla)
- *Centaurea* (Centaura)
- *Dictamnus albus* (Díctamo)
- *Echinacea purpurea* (Equinácea purpúrea)
- *Incarvillea delavayi*
- *Leucanthemum maximum* (sin. *Chrysanthemum maximum*; Margarita grande)
- *Lupinus polyphyllus* (sin especificación de variedad)
- *Sisyrinchium*

ENTRESACADO DE PLÁNTULAS

El entresacado de plántulas proporciona más espacio a las plántulas restantes. Si no se realiza, las plántulas se congestionan.

- Entresaque las plántulas tan pronto como sean lo bastante grandes como para manejarlas.
- No deje las plántulas extraídas sobre el suelo.
- Controle las condiciones en que queda el suelo situado alrededor de las plántulas restantes; si es necesario, compacte.
- Cuando termine el entresacado, riegue moderadamente la totalidad de la superficie.

El entresacado permite que las que quedan crezcan más fuertes y sean menos susceptibles a enfermedades.

TRASPLANTE DE PLÁNTULAS

En lugar de entresacarlas, deje que crezcan algo más y entonces trasplántelas a un espacio mayor en un vivero.

- Riegue ambos viveros, el de procedencia y el vivero donde colocará las plantas jóvenes, antes de trasladarlas.
- Saque con una horquilla las plantas jóvenes sin dañar las raíces. No deje que éstas se queden secas.
- Replántelas, con la tierra a su alrededor bien aplastada.
- Riegue con moderación la totalidad del suelo.

Siembra de semillas de hortalizas

¿Cuándo se deben sembrar?

Estas semillas se siembran mejor en surcos con forma de "V" de 12 mm de profundidad, aunque para las semillas más grandes, como las de judías verdes, se necesitan surcos de 5 cm de profundidad (en esta página se dan las profundidades para cada caso). Las plántulas producidas en un surco con forma de "V", que da lugar a una línea de plantación estrecha, necesitan entresacado. Algunas hortalizas pueden cultivarse en zanjas de fondo plano.

CULTIVAR CON ÉXITO LAS SEMILLAS DE HORTALIZAS

Existen cinco claves principales para cultivar con éxito:

- Haga surcos con profundidad uniforme y adecuada al tipo de hortaliza que se esté sembrando. Si es demasiado profundo, las semillas no germinarán, y si es insuficiente, las plántulas no se establecerán de forma correcta.
- Siembre las semillas bien separadas y de forma uniforme.
- Cubra las semillas hasta tener una profundidad uniforme.
- Entresaque las semillas hasta asegurarse de que las que quedan están sanas.
- Después, mantenga el suelo húmedo, no encharcado.

SEMBRAR SEMILLAS EN SURCOS EN "V"

1 *Labre el suelo en invierno. En primavera, compacte el suelo, pisándolo (véase pág. 14), y nivele con el rastrillo.*

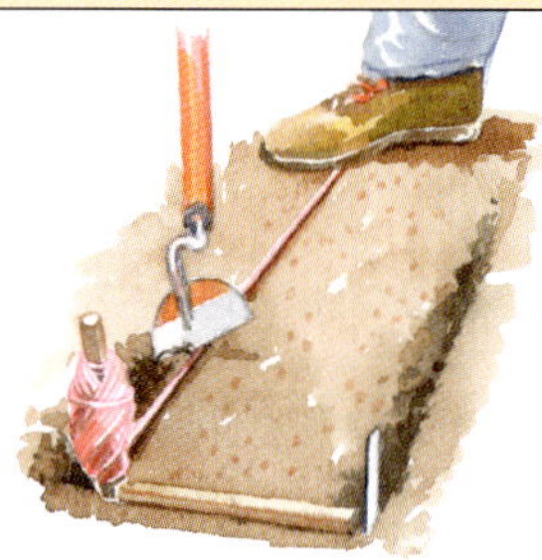

2 *Estire una cuerda entre dos cañas y utilice una pala cuadrada para hacer un surco plano (véanse las profundidades).*

3 *Quite la cuerda y siembre las semillas, separadas y de forma uniforme, sobre la base del surco (véase pág. 17).*

4 *Para cubrir el surco, "haga un puente" sobre la línea de plantación y, con los pies, eche tierra sobre las semillas. Después, compacte el suelo caminando sobre éste. Etiquete los extremos de las líneas y pase un rastrillo sobre éstas, a poca profundidad..*

MÉTODOS PARA CUBRIR Y APLASTAR LAS SEMILLAS

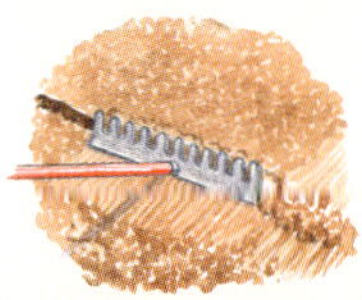

Utilice la parte superior plana de un rastrillo para levantar la tierra y echarla sobre las semillas.

Compacte la superficie con la parte superior plana de un rastrillo, y páselo sobre la línea de plantación (en la dirección de ésta).

Hortalizas que se siembran de esta forma

- **Habas:** surcos de 7,5 cm de prof.; siembre las semillas cada 23 cm.
- **Judías verdes:** surcos de 5 cm de prof.; siembre las semillas cada 7,5-10 cm.
- **Habichuelas:** surcos de 5 cm de prof.; siembre las semillas cada 15 cm.
- **Remolacha:** surcos de 2,5 cm de pro.; siembre las semillas en grupos de tres, cada 10-15 cm. Entresaque y deje una sola plántula resistente en cada posición.
- **Coles y coles de Bruselas:** surcos de 12-18 mm de prof. en un vivero, para trasplantarlas después a sus emplazamientos de crecimiento.
- **Zanahorias:** surcos de 12-18 mm de prof.; siémbrelas separadas y entresaque.
- **Lechugas:** surcos de 12 mm de prof.; siémbrelas separadas y después entresaque las plántulas.
- **Chirivías:** surcos de 12-18 mm de prof.; siembre las semillas en grupos de tres, cada 15 cm. Más tarde, entresaque y deje una plántula en cada posición.
- **Rábanos:** surcos de 12 mm de prof.; siembre las semillas cada 2,5 cm, aprox.
- **Espinacas:** surcos de 12-18 mm de prof.; entresaque posteriormente.
- **Cebolletas:** surcos de 12 mm de prof.; no es necesario entresacar.
- **Nabo:** surcos de 12-18 mm de prof.; entresaque posteriormente.

ZANJAS DE FONDO PLANO

Los guisantes de jardín son el ejemplo ideal para la siembra en zanjas, aunque, a veces, se siembran en dos surcos de 7,5 cm de profundidad, separados 20 cm. Sin embargo, es más fácil utilizar una zanja de fondo plano de 6,5 cm de profundidad y 20 cm de anchura.

Haga tres líneas de plantación en la base de la zanja, separadas 7,5 cm a lo ancho y 5 cm a lo largo. Escalone las semillas en las líneas de modo que cada plántula disponga del mayor espacio posible. No es necesario entresacar las plántulas.

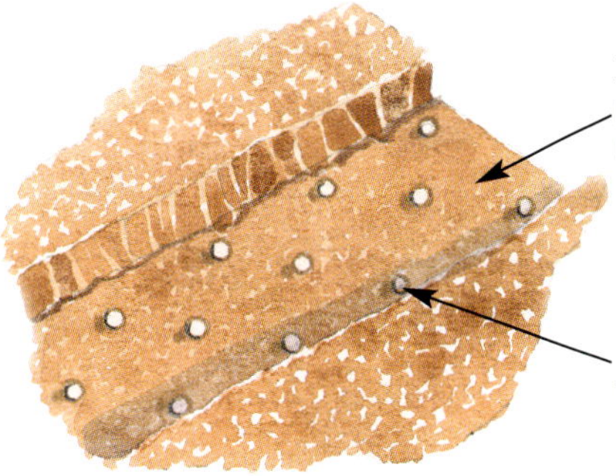

PLANTACIÓN DE TUBÉRCULOS DE PATATA ("PATATA DE SIEMBRA")

1 *Las patatas se cultivan a partir de tubérculos recogidos en la cosecha anterior, conocidos como "patatas de siembra". Se plantan a mediados y finales de primavera. Utilice una pala para hacer surcos de 15 cm de profundidad.*

2 *Ponga las "patatas de siembra" en la base del surco, separadas 30 cm en el caso de cosecha temprana y 40 cm para las de cosecha principal. Sitúe los tubérculos con los "ojos" (los brotes) mirando hacia arriba. No dañe ni los "ojos" ni los tallos pequeños.*

3 *Utilice una pala cuadrada para echar tierra friable procedente de ambos lados de la línea sobre los tubérculos, de manera que se forme sobre éstos un montón alargado y continuo, de 10-15 cm de altura. A medida que crezcan los tallos, acolle las líneas.*

PREFERENCIAS DE SIEMBRA

Cuando se siembra en zanjas con forma de "V", existen tres opciones principales, según la semilla y su tamaño:

- **Línea continua:** para sembrar semillas pequeñas, como las de zanahorias, lechugas, cebollas, rábanos, espinacas y nabos. En la página anterior se da información sobre el entresacado.
- **Espaciado simple:** espacie las semillas de una en una a lo largo del surco. Se utiliza para las habas, las judías verdes y las habichuelas. También se utiliza para los guisantes de jardín, cuando se cultivan en zanjas en forma de "V".
- **En grupos:** siembre las semillas en grupos (habitualmente de tres), a lo largo del surco. Más tarde, entresaque las plántulas para dejar una en cada posición.

Siembra líquida

Las semillas se mezclan con un gel, de pasta de papel, y la mezcla se pone en una bolsa de plástico. Se hace un agujero en una esquina de la bolsa y se exprime el contenido a lo largo de la base del surco con forma de "V". El gel ayuda a retener la humedad alrededor de las semillas y favorece una germinación rápida y uniforme.

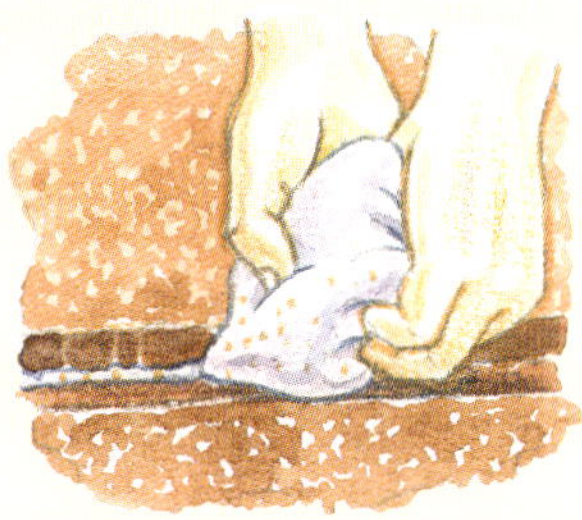

Siembra de semillas en invernadero

¿Qué equipo se necesita?

El invernadero tendrá que disponer de un sistema de calefacción que dé una temperatura entre 16-21 °C. También necesitará un banco de trabajo resistente para colocar las bandejas, sustrato que retenga la humedad y que permita el paso del aire, un aplastador (que mantenga el sustrato uniforme), y un cedazo. Los propagadores, que se caldean con sistemas eléctricos o con parafina, representan una ventaja y permiten que la temperatura de los invernaderos sea más baja.

SEMILLAS QUE SE SIEMBRAN EN INVERNADEROS

Muchas plantas para casa y jardín se cultivan en invernaderos, caldeados. Para detalles adicionales, véase el índice de la A a la Z de la reproducción de plantas (véanse págs. 42-78).

- **Anuales semirresistentes (para ser plantadas posteriormente en viveros y parterres):** estas plantas se suelen denominar "plantas de parterre de floración estival", y son *Begonia semperflorens* (Begonia), *Lobelia erinus* (Lobelia) y *Lobularia maritima* (Lobularia).
- **Plantas de interior de floración en maceta:** son plantas para decoración de interiores, como *Calceolaria* x *herbeohybrida* (Calceolaria), *Primula malacoides* (Prímula) y *Pericallis* x *hybrida* (Cineraria).
- **Plantas condimenticias:** existe una amplia variedad para escoger, como *Ocimum basilicum* (Albahaca), *Origanum majorana* (Orégano) y *Myrrhis odorata* (Mirris). Algunas pueden cultivarse también en exterior.

CÓMO SEMBRAR EN BANDEJAS EN UN INVERNADERO

Los invernaderos aseguran la temperatura necesaria para que las semillas puedan germinar y las plántulas jóvenes crezcan sanas. Tras la germinación, trasplántelas para ampliar el espacio en las cajoneras (véase pág. 19 "El trasplante de plántulas"). Posteriormente, las plantas para decoración del hogar necesitan ser transferidas a macetas individuales (véase también pág. 19). Utilice siempre sustrato libre de malas hierbas y enfermedades. También es importante que las cajoneras estén limpias y secas.

1 *Llene una cajonera sembradora con sustrato nuevo y aplástelo con sus propios dedos, en especial alrededor de las esquinas. Después, rellene con sustrato.*

2 *Pase un taco de madera bien liso sobre la superficie de la cajonera. Con un aplastador de sustrato deje su superficie a 12 mm por debajo del borde.*

3 *Coloque unas cuantas semillas en un papel rígido, doblado e inclinado hacia el sustrato. Golpee el extremo del papel para esparcir las semillas en el sustrato.*

4 *Utilice un tamiz de horticultura de base plana para recubrir las semillas con sustrato hasta 3-4 veces su espesor. Si no dispone de un tamiz, puede utilizar un colador.*

5 *Para regar el sustrato, coloque la cajonera en una palangana con agua y quítela cuando la superficie esté húmeda. Después, cubra la cajonera tal como se explica en la página siguiente.*

EL TRASPLANTE DE PLÁNTULAS

Deben trasplantarse en cuanto sean manejables, de modo que cada una disponga de más espacio para desarrollarse y haya un aumento de luz y aire. Si se dejan arracimadas, se debilitarán y quedarán emblanquecidas, además de ser más susceptibles a las enfermedades que aquellas que disponen de mejor circulación de aire a su alrededor. Es mejor trasplantarlas cuando son jóvenes, en lugar de hacerlo cuando son más grandes y resistentes y están fuertemente agrupadas.

1 Tras la germinación, quite la cubierta. Siempre que el sustrato muestre signos de desecación, riegue las plántulas poniéndolas en una palangana con agua (véase página anterior).

2 Cuando las plántulas sean grandes, riéguelas desde la parte inferior. Después, utilice una horquilla (o un tenedor) para extraer unas cuantas y colocarlas sobre periódico húmedo.

3 Rellene otra cajonera con sustrato. Utilice un plantador para hacer agujeros, dejando una separación de 12 mm entre las hileras exteriores y la cajonera.

4 Tome una plántula por una de sus hojas e introduzca sus raíces en el agujero (a la misma profundidad que estaban antes). Compacte el sustrato de alrededor.

5 Cuando la cajonera esté llena, golpee sus esquinas para nivelar el sustrato. Riegue desde arriba para asentar el sustrato alrededor de las raíces. Después, proceda tal como se indica abajo.

CÓMO CUBRIR LA CAJONERA SEMBRADORA

Después de la siembra de semillas, la cajonera debe cubrirse, para impedir la desecación de la superficie de sustrato. Existen dos métodos para cubrirla:

- El método tradicional consiste en colocar un cristal sobre la cajonera. Sin embargo, debido a la condensación de agua en la cara inferior de éste, será necesario pasarle un trapo cada mañana y darle la vuelta, para que la cara seca esté encarada al sustrato. Coloque un periódico sobre el cristal para crear un ambiente oscuro (necesario para favorecer la germinación de la mayoría de semillas).
- Existen tapas de plástico transparente que ajustan en las cajoneras. Son ideales para cuando hay niños pequeños. De nuevo, cubra con un periódico (véase a la derecha).

Cubra la tapa de cristal o plástico con un periódico para simular oscuridad

EL CUIDADO DE LAS PLANTAS JÓVENES

Después del trasplante, mantenga el sustrato húmedo. Cuando ya se puedan tocar las hojas, las plantas cultivadas como plantas de vivero de floración estival pueden ser aclimatadas a exterior. Pasado el riesgo de heladas, trasplante a viveros de exterior. Las plantas de interior pueden necesitar un cambio de maceta.

1. Riegue el sustrato. Cuando haya drenado, utilice una horquilla para la extracción.
2. Llene una maceta limpia con sustrato mixto para macetas y aplástelo. Sostenga una planta por el tallo y mire a qué profundidad estaba.
3. Añada más sustrato y compacte; la superficie debe estar 12 mm por debajo del borde. Riegue el sustrato y ponga la maceta en un lugar con calor suave.

Esquejes de madera blanda

¿Qué es un esqueje de madera blanda?

Se toman a partir de tallos blandos jóvenes, antes de que muestren algún signo de endurecimiento. Es el método que se utiliza para multiplicar crisantemos y plantas de interior, vivaces y arbustivas. En el caso de plantas en pleno crecimiento, en invernaderos caldeados, este tipo de esquejes se pueden tomar durante todo el año. Para plantas de interior, se toman sólo a principios y a mediados de verano. Es importante escoger tallos blandos, para favorecer el enraizado.

LA TOMA DE ESQUEJES IDÓNEA

- El esqueje debe estar húmedo, ni seco ni marchito. Por tanto, el día anterior a la toma, riegue la planta madre.
- Debería tener una longitud de entre 5 y 7,5 cm, aunque los esquejes con nudos (intersecciones foliares) más separados serán más largos. El tamaño óptimo depende de la planta, aunque no deben ser ni muy largos y finos, ni muy cortos.
- Deben tomarse de un tallo que no esté en floración, mejor con una yema de crecimiento que con una yema de flor.
- Deben ser representativos de su especie y no tener plagas ni enfermedades. Si la planta está infectada con áfidos o cualquier otro tipo de insecto chupador de savia, hay una cierta probabilidad de que se haya transmitido al esqueje.

CÓMO TOMAR UN ESQUEJE APICAL

1 *El día antes de la toma de esquejes riegue la planta madre. Utilice tijeras o una navaja afilada para cortar un tallo, justo por encima de un nudo. Con ello se evita que los tocones pequeños se queden en la base.*

2 *Corte el tallo con una navaja afilada justo por debajo de un nudo, dejando un trozo de 5-7,5 cm de longitud. Quite las hojas que queden por debajo. Recoja las hojas y tallos antiguos y utilícelos como sustrato.*

3 *Rellene una maceta con una mezcla a partes iguales de turba y arena, y compacte hasta que haya una separación de 12 mm entre la superficie y el borde. Utilice un plantador para hacer un agujero de 18-25 mm de profundidad situado a unos 12 mm del costado de la maceta. Introduzca el esqueje (puede introducir varios esquejes en una misma maceta) y compacte el sustrato de su alrededor. Etiquételos y riegue con un pulverizador en forma de pera del revés. Introduzca cuatro o cinco cañas cortas en el sustrato, alrededor del borde de la maceta, y extienda por encima una bolsa de polietileno transparente. Séllela con una cinta elástica y coloque la maceta en una zona de calor suave, como una ventana a la sombra, evitando la luz directa. Si no, póngala en un invernadero. Cuando empiecen a desarrollarse raíces a partir de los nudos, quite la bolsa y, después de una semana, trasplante los esquejes a macetas individuales.*

El enraizado en agua de *Impatiens walleriana* (Alegría de la casa)

Los esquejes de *Impatiens walleriana* echan raíces cuando se mantienen erguidos sumergidos en un vaso de agua, con ayuda de un cartón. Cuando enraíce, transfiera el esqueje a una maceta con sustrato y, mientras no esté bien arraigado, coloque la maceta en un lugar a la sombra.

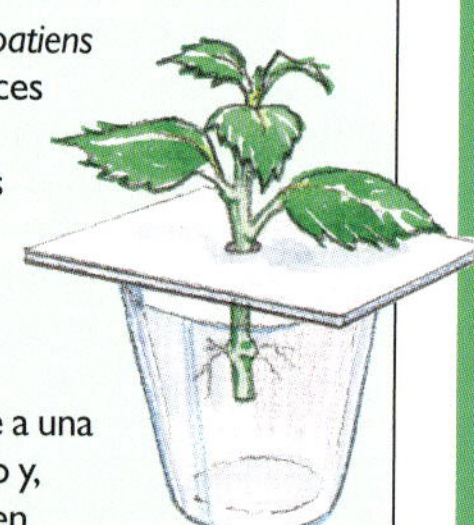

EL ENRAIZADO EN AGUA DE UNA SAINTPAULIA

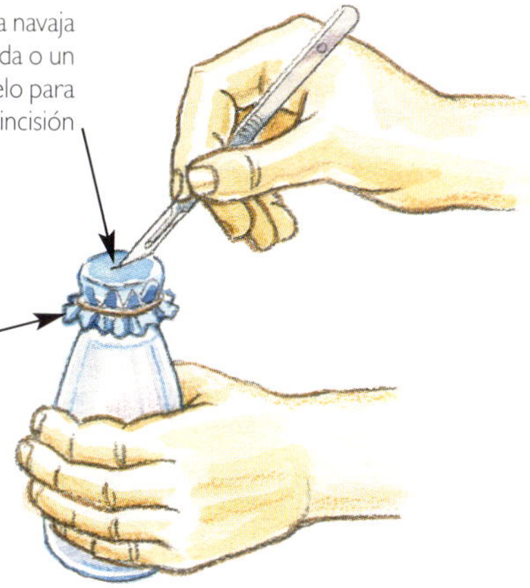

1 *La estimulación de los pecíolos de* Saintpaulia ionantha *(Violeta africana) para que formen raíces es un modo ideal de multiplicar estas plantas de interior. Este tipo de esquejes se conocen como esquejes de hoja con pecíolo y están formados por un trozo de tallo y una hoja. En lugar de introducirlos en sustrato, se introducen en agua. El día antes de la toma del esqueje, riegue la planta madre. Escoja una planta sana y utilice una navaja afilada para cortar un tallo, cerca de la base. Se pueden tomar varios esquejes de una misma planta.*

2 *Limpie bien una pequeña botella de vidrio o un recipiente similar y llénelo con agua limpia hasta unos 18 mm por debajo del tope. Coloque sobre éste un trozo de papel resistente, bien sujeto con una cinta elástica. Utilice una cuchilla puntiaguda afilada (o un escalpelo) para hacer una pequeña incisión. Cuando introduzca en ésta el tallo, debe encajar perfectamente, para que no se mueva. Recorte el papel sobrante.*

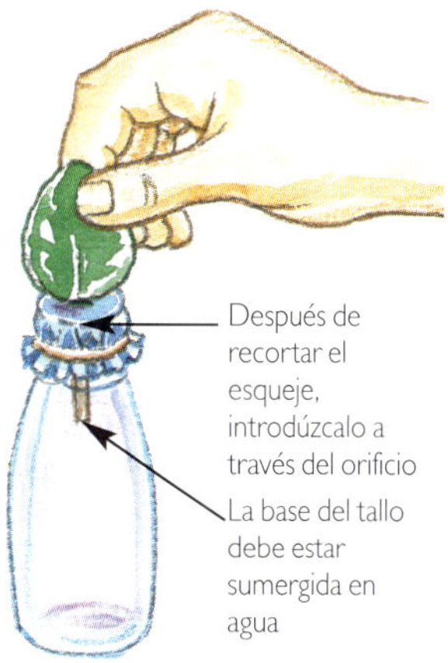

3 *Recorte el tallo para que tenga unos 3,5 cm de largo y páselo a través del orificio, de modo que queden unos 6-12 mm sumergidos en agua. Coloque la botella en un lugar con calor suave y ligeramente a la sombra. Controle que la base del tallo esté siempre sumergida. Cuando eche raíces, retire el esqueje y transfiéralo a una maceta pequeña con sustrato.*

MULTIPLICACIÓN DE PELARGONIOS CON ESQUEJES DE MADERA BLANDA

Los pelargonios (plantas arbustivas originarias principalmente de Sudáfrica) no deben confundirse con los geranios de jardín, que son plantas resistentes y herbáceas. En climas templados, los geranios crecen como plantas de interior y decoran parterres y recipientes en verano. La toma de esquejes es una manera de multiplicar pelargonios, zonales, de hoja de hiedra o de hojas aromáticas.

- A finales de verano o a principios de otoño, escoja una planta sana y riegue el sustrato.
- Al día siguiente, corte un tallo que no esté en floración, justo por encima de un nudo, de modo que tenga una longitud de 15-20 cm. Así se asegura que un tacón pequeño no se quede en la planta madre.
- Use una navaja afilada para recortar el esqueje, justo por debajo de un nudo, para que tenga una longitud de 10 cm. Quite también la hoja inferior, cercana al tallo.
- Rellene una maceta de 10-13 cm de diámetro con una mezcla a partes iguales de turba húmeda y arena. Introduzca 3-4 esquejes a 3,5-5 cm de profundidad, sin tocar los lados. En cada esqueje, la hoja inferior debería estar ligeramente por encima de la superficie de sustrato.
- Riegue el sustrato y manténgalo a una temperatura de 10 °C todo el invierno. Cuando eche raíces, transfiera cada esqueje a una maceta.
- Asegúrese siempre de que los pelargonios no están expuestos a heladas.

POLVO DE ENRAIZADO

Este polvo fomenta el enraizado rápido de los esquejes, antes de que se deterioren. Después de prepararlos (igualando sus tamaños, cortando las bases justo por debajo de un nudo y quitando las hojas de debajo), sumerja los extremos en polvo de enraizado y después introdúzcalos en un sustrato drenado pero que retenga la humedad.

La mayoría de polvos contienen agentes fungicidas que evitan la entrada de enfermedades en los esquejes, antes de que enraícen. Lávese las manos después de estar en contacto con estos productos.

Esquejes de madera semidura y dura

¿En qué difieren?

Los esquejes de madera semidura o semimaduros, se toman de la planta madre a mediados de verano. Es necesario que la madera esté madura, pero no tanto como para los esquejes de madera dura. Éstos se toman en otoño, principalmente de arbustos de hoja caduca, pero a veces también de los de hoja perenne. Si el arbusto es de hoja caduca, espere a que caigan las hojas. Algunos arbustos, como *Philadelphus* (Celinda), pueden multiplicarse tanto con uno como con el otro tipo de esqueje.

ESQUEJES DE MADERA SEMIDURA

¿Cuánto tardan en echar raíces? Tras tomar los esquejes e introducirlos en macetas, colóquelos en una cajonera fría protegida del sol. Controle que el sustrato esté húmedo. Para la primavera siguiente, los esquejes habrán echado raíces; plántelos en un vivero hasta otoño, cuando serán lo bastante grandes como para plantarlos en un parterre.

1 *Tome los esquejes de madera semidura cuando los tallos estén más maduros que para los de madera blanda pero menos que para los de madera dura. Separe tallos de 10-15 cm de longitud y deje una parte del antiguo tallo unido a sus bases.*

2 *Quite las hojas más bajas y haga una incisión en la base del esqueje, aislando cualquier callosidad alrededor de la madera original. No todos los esquejes de madera semidura tienen callosidades, pero favorecen un rápido enraizado.*

3 *Sumerja la base de cada esqueje en polvo de enraizado e introdúzcalos en macetas que contengan una mezcla a partes iguales de turba húmeda y arena, a una profundidad de 3,5-5 cm. Ponga cada esqueje a 12-18 cm del borde de la maceta.*

Arbustos que pueden multiplicarse

- *Arctostaphylos* • *Aucuba*
- *Berberis* • *Brachyglottis*
- *Blupleurum* • *Callistemon*
- *Camellia* • *Carpenteria*
- *Ceanothus* (algunas var.)
- *Cytisus* (algunas variedades)
- *Deutzia* • *Elaeagnus*
- *Garrya elliptica*
- *Ilex* (algunas variedades)
- *Lavandula* (algunas var.)
- *Mahonia*
- *Olearia* (algunas var.)
- *Philadelphus* • *Pieris*
- *Pyracantha*
- *Viburnum*
- *Weigela*

ESQUEJES DE MADERA DURA

¿Cuánto tardan en echar raíces? Después de haberlos introducido en un vivero en otoño, pueden tardar hasta un año en echar raíces. El otoño siguiente, desentiérrelos y plántelos en un vivero hasta que sean lo bastante grandes como para ir a un parterre.

1 *Tome esquejes de madera dura en otoño, cuando las plantas están sin hojas, a partir de tallos maduros con crecimiento en la temporada actual. Deben tener una longitud de 23-38 cm y pueden tardar un año en echar raíces.*

2 *Quite las hojas más bajas y haga una incisión en la base del esqueje por debajo de un nudo. La mayoría de plantas multiplicadas así son de hoja caduca, aunque algunas, como Ligustrum (Alheña), pueden ser de hoja perenne, parcialmente perenne o caduca.*

3 *Con una pala, cave un hoyo en forma de "V" con una cara vertical. Rocíe la base con arena e introduzca cada esqueje a una profundidad entre la mitad y las dos terceras partes de su longitud, separándolos 10 cm. Rellene y compacte bien.*

Arbustos que pueden multiplicarse

- *Buddleja* spp.
- *Cornus alba*
- *Cornus sericea* (sin. *Cornus stolonifera*)
- *Deutzia*
- *Forsythia*
- *Ligustrum ovalifolium*
- *Philadelphus*
- *Ribes*
- *Rubus*
- *Salix*
- *Sambucus*
- *Spiraea*
- *Symphoricarpos*
- *Tamarix*
- *Viburnum* (var. hoja caduca)
- *Weigela*

Esquejes de raíz

En este método se separa un trozo de raíz de la planta madre y se estimula la formación de nuevas raíces. Existen dos tipos: los de raíces finas, que se colocan de forma horizontal sobre una superficie de sustrato en una bandeja y los de raíces carnosas, que se introducen verticalmente en macetas. Los esquejes de raíz se toman cuando la planta está en estado de latencia, sobre todo a finales de otoño y a principios de invierno. Las plantas injertadas no son aptas para este método.

¿Qué son los esquejes de raíz?

ESQUEJES DE RAÍZ VERTICALES

Con raíces carnosas no hace falta que desentierre toda la planta, es mejor que deje al descubierto sólo unas cuantas raíces laterales.

1 *Descubra las raíces y separe unas cuantas, con unas tijeras de podar o con una navaja afilada. Rellene y compacte la tierra de las raíces restantes.*

2 *Corte las raíces en trozos de 6-7,5 cm de longitud. Haga un corte recto en el extremo más cerca del centro y un corte sesgado en el otro.*

3 *Introduzca los trozos, con el extremo sesgado hacia abajo, en una mezcla a partes iguales de turba húmeda y arena. Enrase los extremos superiores. Cubra con 12 mm de arena.*

Cuidado posterior

Riegue el sustrato con suavidad y coloque la maceta en una cajonera fría. En primavera, el esqueje ya habrá echado raíces. Transfiera los esquejes a un vivero hasta otoño, cuando ya se podrán plantar en un parterre.

Plantas que pueden multiplicarse

- *Anchusa azurea*
- *Catananche caerulea* (Hierba cupido)
- *Eryngium*
- *Papaver orientale* (Amapola oriental)
- *Rus typhina* (Rus)
- *Romneya coulteri* (Amapola de Calit)
- *Verbascum* (Verbasco)

ESQUEJES DE RAÍZ HORIZONTALES

Cuando se toman esquejes de raíces finas, las plantas se suelen desenterrar completamente, con todas las raíces expuestas. Es un método ideal para producir un gran número de plantas nuevas.

1 *Se suele desenterrar la planta entera, aunque también pueden exponerse sólo las raíces para cortarlas. Lávelas bien para eliminar cualquier resto de tierra.*

2 *Corte las raíces en trozos de 6-7,5 cm. Rellene una bandeja con una mezcla a partes iguales de turba húmeda y arena. Espolvoree arena por encima.*

3 *Coloque los esquejes sobre la superficie, de forma espaciada. Cúbralos con la mezcla anterior, dejando la superficie a 12 mm por debajo del borde.*

Cuidado posterior

Riegue el sustrato con suavidad y coloque la bandeja en una cajonera fría. Controle periódicamente que el sustrato esté ligeramente húmedo, pero no saturado de agua.

Para la primavera siguiente ya se habrán formado raíces; transfiera entonces los esquejes a macetas individuales o bien plántelos en viveros hasta otoño, cuando ya se puedan plantar en parterres.

Plantas que pueden multiplicarse

- *Phlox paniculata* (Flox)
- *Primula denticulata*

Esquejes de yemas foliares

¿Qué es un esqueje de yema foliar?

Un esqueje de yema foliar es un tipo de esqueje de yema (véase abajo) que se suele utilizar para multiplicar camelias. Cada esqueje de yema foliar está formado por un tallo de madera semidura con hoja y una yema sana en el nudo entre el tallo y la hoja. Se cortan en verano, cuando la planta está en pleno crecimiento. La presencia de la hoja es esencial en este tipo de esqueje, ya que proporciona reservas nutritivas para las raíces en desarrollo.

CÓMO CORTAR UN ESQUEJE DE YEMA FOLIAR

Cada esqueje se prepara cortando una astilla de madera del tallo que contenga una hoja y una yema. Es importante hacerlo con una navaja afilada.

1 Corte un tallo sano procedente de un arbusto establecido. Después corte, con una navaja afilada, una sección circular del tallo que contenga la yema y la hoja.

2 Introduzca la astilla con forma de media luna en una maceta con una mezcla a partes iguales de turba húmeda y arena, hasta que sólo sea visible la hoja.

3 Tras la inserción, compacte y riegue el sustrato. Manténgalo a una temperatura de 15-18 °C. Cuando se desarrollen raíces, se puede poner en macetas.

4 Trasplante el esqueje enraizado a una maceta pequeña, utilizando un sustrato no calcáreo. Coloque la planta joven en una cajonera fría.

Cuidado posterior

No intente plantar las camelias jóvenes en parterres hasta que estén establecidas, lo cual suele ocurrir durante la primavera siguiente. Protéjalas de los vientos fríos y del sol y mezcle la tierra con mantillo de hojas o con turba húmeda.

Plantas que se pueden multiplicar

Este método se suele reservar para las camelias, aunque también se utiliza para *Dracaena* y *Ficus elastica* (Higuera del caucho).

ESQUEJES DE YEMA

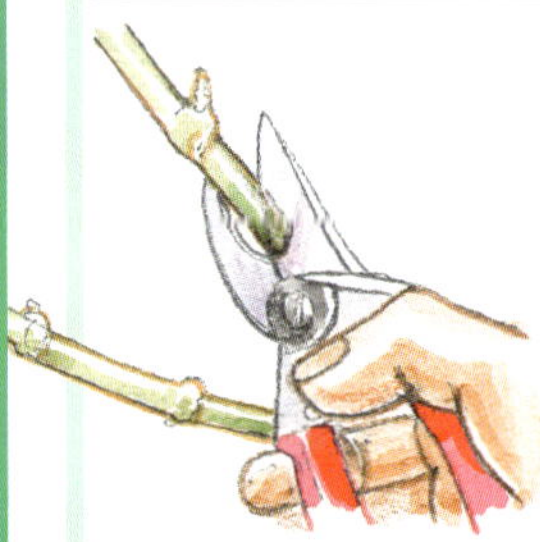

1 Se utilizan para multiplicar vides y se cortan en otoño o en invierno, cuando la vid está en estado de latencia y sin hojas. Corte un tallo sano de la vid.

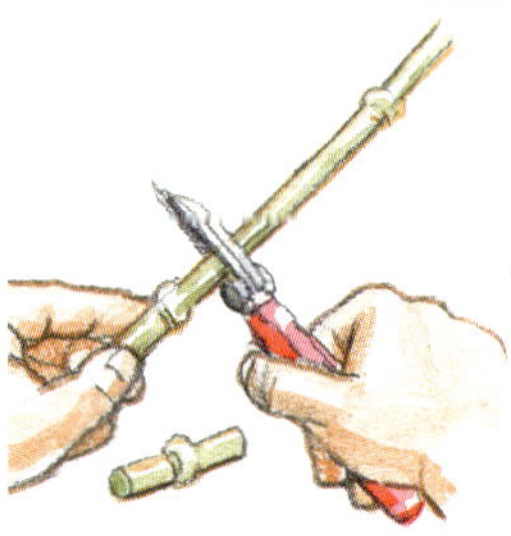

2 Con una podadora, corte el tallo en trozos largos, de 5 cm de longitud, con una yema en el centro. Tenga cuidado de no dañar la yema latente.

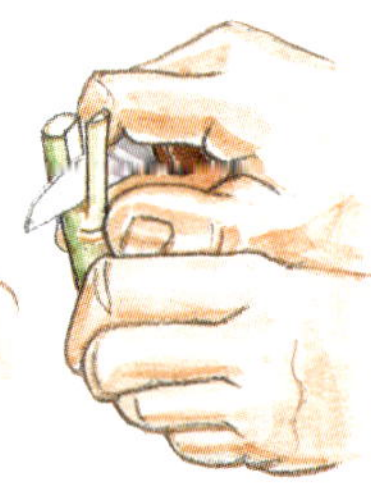

3 Con una navaja afilada, corte una astilla de madera a lo largo de toda la longitud del esqueje por la cara opuesta a la yema latente, para descortezar.

4 Coloque el esqueje, con la yema mirando hacia arriba, en una mezcla a partes iguales de turba húmeda y arena. Fíjelo al sustrato con alambres doblados.

Cuidado posterior

Riegue y mantenga la temperatura entre 13 y 16 °C. Cuando enraícen, ponga los esquejes en macetas individuales y en un lugar con calor suave hasta que estén establecidos.

Plantas que se pueden multiplicar

Sólo las vides.

Esquejes de tallo y de hoja

El esqueje de tallo es parecido al esqueje apical (véase pág. 20), pero sin punta, ya que está formado por un trozo de tallo y una hoja. Es el método ideal para multiplicar plantas de interior con tallos largos y permite la toma de muchos esquejes a partir de un único tallo, en lugar de un solo esqueje, como en los apicales. Es un buen método para multiplicar *Saintpaulia ionantha* (Violeta africana).

¿En qué difieren?

MULTIPLICAR HIEDRAS DE INTERIOR MEDIANTE ESQUEJES DE TALLO

La mejor época para realizar estos esquejes es en primavera y a principios de verano. Siga los pasos que se describen y, cuando los esquejes echen raíces, ya se puede quitar la bolsa de plástico y se pueden colocar en macetas. Se pueden poner uno, tres o cinco esquejes en cada una; muchos esquejes producirán una planta espesa.

ESQUEJES DE TALLO

1 Corte un trozo de tallo en varios esquejes. Haga el corte un poco por encima de cada nudo, pero deje por debajo un tallo de 3,5 cm de longitud.

2 Rellene una maceta a partes iguales de turba húmeda y arena, y haga unos agujeros. Introduzca un esqueje en cada agujero, a una profundidad de 18-30 mm.

3 Compacte el sustrato, riegue e introduzca unas cañas cortas. Extienda una bolsa de plástico sobre los esquejes y sujétela a la maceta con una cinta elástica.

Plantas que se pueden multiplicar

- *Hedera canariensis* 'Gloire de Marengo' (Hiedra canaria jaspeada)
- *Hedera helix* (Hiedra común) que comprende una amplia variedad de hiedras de hoja pequeña: 'Anna Marie', 'Eva', 'Glacier', 'Goldchild', 'Jubilee', 'Kolibri' y 'Little Diamond'
- *Senecio macroglossus* 'Variegatus' (Hiedra del Cabo)

ESQUEJES DE HOJA CON PECÍOLO

1 Riegue la planta madre el día antes de la toma de esquejes. Con una navaja afilada, separe los tallos con hoja cerca de la base.

2 Recorte cada tallo con hoja para que tenga una longitud de 3,5 cm. Los esquejes no deben quedar deshilachados.

3 Rellene una maceta a partes iguales de turba húmeda y arena. Con un plantador, introduzca cada tallo a 2,5 cm. Después de insertar los esquejes, cúbralos con una bolsa de plástico (véase parte superior). Cuando echen raíces, quite la bolsa y póngalos en macetas.

Esquejes de hoja

¿Existen muchos tipos?

Los esquejes de hoja pueden tomarse desde hojas enteras hasta secciones y pueden ser de hoja cuadrada o triangular. Los de hoja entera se extienden sobre el sustrato, mientras que el resto se inserta de forma vertical. En climas templados, se pueden multiplicar muchas plantas de interior, así como de invernadero. En la parte inferior se indican las plantas más apropiadas para cada tipo de esqueje.

QUÉ HACER DESPUÉS DE QUE LOS ESQUEJES DE HOJA DESARROLLEN RAÍCES

Tan pronto como aparezcan pequeñas raíces en los esquejes de hoja cuadrada y de hoja triangular, trasplántelos a macetas individuales. Colóquelas en una zona de calor suave. Deje el fragmento de hoja unido al esqueje, ya que caerá de forma natural, cuando se marchite. Evite que estén bajo el sol directo o a altas temperaturas, que "freirían" las finas hojas.

ESQUEJE DE HOJA CUADRADA

1 Coloque una hoja sobre una superficie plana y corte por ambos lados de una vena principal, de modo que quede una tira de unos 30 mm de ancho.

2 Corte cada tira a cuadrados, asegurándose de que cada trozo tenga varias venas. No los haga demasiado pequeños, ya que entonces aumenta el riesgo de que los esquejes se deterioren antes de que echen raíces.

3 Con una navaja afilada, haga hendiduras en un sustrato mezcla a partes iguales de turba húmeda y arena. Introduzca los esquejes a una profundidad de 12 mm, con el extremo más cercano al estolón mirando hacia abajo. Compacte el sustrato, riéguelo y cubra los esquejes con una cubierta transparente. Colóquelos en un lugar con calor suave y sombra.

4 Cuando se desarrollen tallos y hojas, quite la cubierta y trasplante las plantas jóvenes a macetas individuales. Colóquelas en un lugar con calor suave.

ESQUEJE DE HOJA TRIANGULAR

1 El día antes de separar una hoja sana, riegue el sustrato. Evite eliminar pequeños espolones de la base de la planta. Si corta varias hojas, tómelas de distintos lados de ésta.

2 Ponga la hoja del revés sobre una superficie plana y corte el tallo con una navaja afilada, cerca de la base. Dele la vuelta, de modo que la parte superior esté boca arriba.

3 Corte la hoja en triángulos. El vértice del esqueje debe estar hacia el centro de la hoja, de donde procede el tallo.

4 Rellene una bandeja con sustrato mezcla a partes iguales de turba húmeda y arena, y compacte. Con el filo de una navaja, haga una hendidura la mitad de profunda que el esqueje e introdúzcalo en ella, aplastando el sustrato. Riegue el sustrato y cúbralo con una tapa transparente. Coloque la bandeja en un lugar con calor suave y sombra

5 Cuando se desarrollen tallos y hojas, quite la cubierta y trasplante las plantas jóvenes a macetas individuales. Colóquelas en un lugar con calor suave.

Plantas que se pueden multiplicar • *Begonia masoniana* (Begonia 'La Cruz de Hierro') • *Begonia rex* (Begonia 'Rex')

ESQUEJE DE HOJA TRANSVERSAL

1 Coja una hoja sana y, con una navaja afilada, córtela en secciones de 5 cm de anchura.

2 Rellene una bandeja con una mezcla a partes iguales de turba húmeda y arena. Haga hendiduras de 18 mm de profundidad e inserte las bases de los esquejes. Compacte el sustrato, riegue, cubra con un plástico transparente y coloque la bandeja en una zona de calor suave.

Plantas que se pueden multiplicar

- *Sansevieria trifasciata* (Lengua de tigre) – véase el método en el recuadro inferior.
- *Sinningia speciosa* (Gloxinia)
- *Streptocarpus* x *hybridus*

ESQUEJE DE HOJA ENTERA

1 Escoja una hoja sana de una planta bien regada y sepárela por la base. No quite los tocones pequeños.

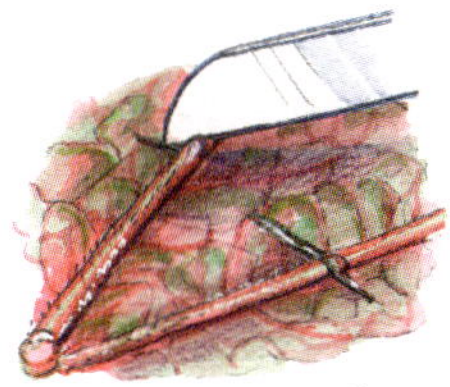

2 Ponga la hoja del revés, separe el tallo y haga cortes en las venas, separados 18-25 mm. No haga cortes a través de la hoja.

3 Coloque la hoja, con la cara que tiene los cortes boca abajo, sobre una bandeja. Utilice alambres en U. Cubra la bandeja con una tapa y póngala en un lugar con calor.

4 Riegue regularmente el sustrato, introduciendo la bandeja en un recipiente poco profundo con agua, hasta que la humedad alcance la superficie. Cuando echen raíces, transfiera las plantas a macetas individuales.

Plantas que se pueden multiplicar

- *Begonia masoniana* (Begonia 'Cruz de Hierro')
- *Begonia rex* (Begonia 'Rex')

CÓMO MULTIPLICAR LA LENGUA DE TIGRE

1 La especie Sansevieria trifasciata se multiplica mediante esquejes de hojas en secciones aunque, para la forma jaspeada, debe utilizarse la división (véase pág. 31). Corte un tallo sano de la planta madre.

2 Corte una hoja en secciones de 5 cm de ancho, con una navaja afilada. Asegúrese de no haber dado la vuelta a las hojas, ya que deben introducirse en el sustrato por la parte inferior.

3 Rellene una maceta con sustrato mezcla a partes iguales de turba húmeda y arena. Con un cuchillo, haga hendiduras de 18 mm de profundidad e introduzca los esquejes. Compacte, riegue y sitúe en calor suave.

Esquejes de caña

¿Qué son los esquejes de caña?

Suelen utilizarse para multiplicar plantas de interior de tallo grueso, como *Cordyline*, *Dieffenbachia*, *Dracaena* y *Yucca*, en especial si han perdido sus hojas inferiores y quedan poco estéticas. Se cortan los tallos en fragmentos de unos 7,5 cm de longitud y se colocan en sustrato, ya sea horizontal o verticalmente. También es posible favorecer el desarrollo de raíces en los esquejes de tallo de *Cordyline fruticosa*, también llamados esquejes "Ti-log", poniéndolos en agua.

CÓMO ENRAIZAR LOS ESQUEJES "TI-LOG" EN AGUA

Cordyline fruticosa se puede obtener a partir de esquejes "Ti-log" insertados en agua. Coloque un esqueje en un tarro con 2,5 cm de agua. Mantenga la temperatura a 8 °C y cambie el agua cada 4-5 días. Después de unas cuatro semanas, los brotes empiezan a crecer y a echar raíces; se pueden transferir los esquejes a una maceta con sustrato a base de marga.

ESQUEJES "TI-LOG" VERTICALES

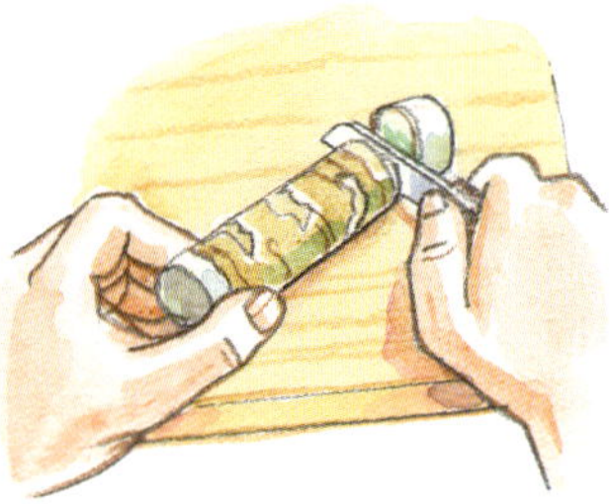

1 *Separe un fragmento del extremo inferior. Los esquejes "Ti-log" suelen tener los extremos protegidos con cera para reducir las pérdidas de humedad.*

2 *Introduzca el esqueje, con el extremo recortado hacia abajo, en una maceta con mezcla a partes iguales de turba húmeda y arena, hasta la mitad de su longitud. Compacte el sustrato.*

3 *Riegue el sustrato y ponga la maceta en el interior de una bolsa opaca, en una zona de calor suave. Mantenga el sustrato húmedo y, cuando eche raíces, cambie a una maceta.*

Plantas que se pueden multiplicar

Las cordilinas se cultivan así, con esquejes tomados de plantas que crecen en la propia casa. Pero mucha gente vuelve de sus vacaciones en el extranjero con esquejes "Ti-log" preparados con los extremos protegidos con cera y que se venden como "Plantas de la suerte".

ESQUEJES HORIZONTALES

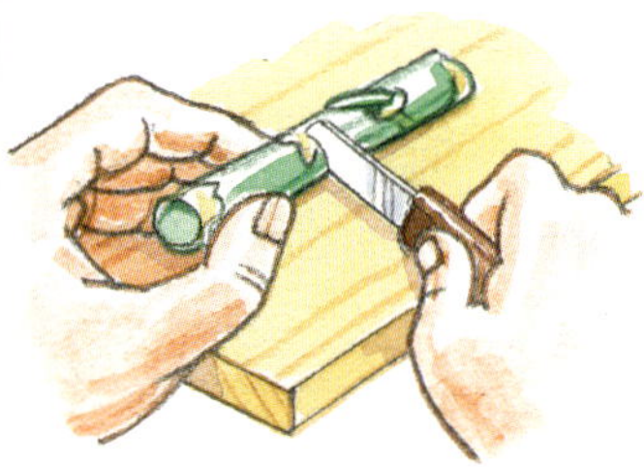

1 *Separe un tallo de la planta madre y córtelo en trozos de 6,5-7,5 cm de longitud. Cada uno debe tener al menos un brote sano y fuerte.*

2 *Rellene con sustrato una maceta y compacte. Entierre cada esqueje hasta la mitad de su espesor, con el brote mirando hacia arriba. Sujételos con trozos de alambre doblados.*

3 *Riegue con suavidad y cubra con una cúpula de plástico. Si no dispone de ésta, introduzca cañas cortas en el sustrato y extienda una bolsa de plástico encima. Sujétela a la maceta con una cinta elástica.*

Plantas que se pueden multiplicar

- *Cordyline* spp.
- *Dieffenbachia* (Difembaquia)
- *Dracaena*

Cactus y otras plantas suculentas

Los cactus y demás plantas suculentas se consideran del mismo grupo aunque, botánicamente, son distintos. Los cactus pertenecen a la familia de las Cactáceas y se caracterizan por areolas (como pequeñas almohadillas) de las cuales crecen púas, espinas o pelos como hebras de lana. No poseen hojas normales, a excepción de *Pereskia* y las plantas jóvenes de *Opuntia*. Las suculentas que no son cactus poseen hojas carnosas; existe una amplia variedad.

¿Son las mismas?

¿SEMILLAS O ESQUEJES?

Los cactus y otras suculentas pueden obtenerse tanto a partir de semillas como de esquejes; las mejores épocas son primavera e inicios del verano. Es importante utilizar un sustrato que retenga la humedad y que esté bien aireado como una mezcla a partes iguales de turba húmeda y arena. Espolvoree también arena sobre la superficie del sustrato. Después de insertar los esquejes, coloque la maceta en un lugar con calor suave y ligeramente sombreado.

ESQUEJES DE TALLO

1 Con una navaja afilada, separe tallos sanos de alrededor de la planta madre. No los tome de un solo lugar.

2 Con un plantador, haga un agujero en un sustrato aplastado e introduzca un esqueje. Compacte el sustrato y riegue con suavidad.

Asuntos espinosos

Para sujetar un cactus espinoso, utilice guantes de jardinería finos o guantes domésticos de goma. Como alternativa, haga una faja de unos 2,5 cm con papel de periódico para envolver el tallo.

HOJAS DE PLANTAS SUCULENTAS

1 Separe con suavidad hojas carnosas maduras cercanas al tallo. No quite los pequeños espolones, ya que eso estropearía la forma de la planta madre.

2 Con un plantador, haga una hendidura amplia en la que pueda introducir un esqueje. Se pueden poner varios esquejes en una misma maceta.

3 Compacte el sustrato de alrededor de cada esqueje y riegue toda la superficie. Coloque la maceta en un lugar sombreado y con calor suave.

4 Cuando se desarrollen tallos jóvenes a partir de la base del esqueje, transfiera cada esqueje a una maceta individual.

Hojas de suculentas circulares pequeñas

Se puede favorecer el enraizado de hojas de suculentas pequeñas planas, hundiéndolas en una mezcla a partes iguales de turba húmeda y arena. Entre las plantas suculentas que se pueden multiplicar de este modo se encuentra *Sedum sieboldii* y su forma jaspeada 'Mediovariegatum'.

División de herbáceas perennifolias

¿Es un método sencillo?

Es uno de los métodos más sencillos para multiplicar estas plantas; para esta técnica tan sólo se necesita un par de horcas de jardinería. Las herbáceas perennifolias sobreviven en regiones frías debido a que en los meses de invierno se "apagan" y quedan sólo los viejos tallos muertos. Cada primavera, se desarrollan tallos nuevos que se "apagan" a finales de otoño o principios de invierno; las plantas sobreviven entonces gracias a sus raíces, en estado de latencia.

¿EN OTOÑO O EN PRIMAVERA?

Las plantas herbáceas se pueden extraer y dividir en cualquier momento entre principios de otoño y mediados de primavera, siempre y cuando el suelo y el clima sean los adecuados. En zonas de clima suave, en otoño, y en zonas con viento frío en invierno, es mejor esperar a la primavera.

A veces, los jardineros dejan los tallos viejos y no los cortan hasta principios de primavera para que, en invierno, sirvan para proteger las raíces del frío intenso. Los tallos viejos, hojas y cabezuelas cubiertos por la escarcha conforman una atractiva postal de invierno, sobre todo cuando el sol está bajo.

DIVIDIR UNA HERBÁCEA PERENNIFOLIA

1 *Con unas tijeras de podar, quite cualquier tallo viejo que quede todavía en la planta, sobre todo cuando divida una mata a finales de invierno o a principios de primavera.*

2 *Extraiga la mata con una horca de jardinería. Después, introduzca dos horcas en la mata, espalda con espalda, y tire de ellas a la vez para dividir la mata en dos.*

3 *Si es necesario, acabe de separar la mata con sus propios dedos. No haga trozos muy pequeños, ya que no producirían plantas robustas.*

4 *Plante los fragmentos de la división en parterres. Utilice un desplantador para hacer agujeros y extienda tierra friable. Compacte y riegue toda la zona.*

TIPOS DE HERBÁCEAS PERENNIFOLIAS

El tipo de raíz de cada herbácea perennifolia determina el método de reproducción. Existen tres tipos principales de raíces:

Raíces fibrosas: la mayoría de herbáceas perennifolias poseen raíces fibrosas que se esparcen. Dichas raíces se pueden extraer y dividir del modo que se muestra a la izquierda. Incluyen:
• *Achillea* spp. • *Anaphalis* spp. • *Artemisia* spp. (tipos herbáceos) • *Aster* spp. (tanto el Áster de floración estival como el de otoñal) • *Astilbe* spp. • *Astrantia* spp. • *Campanula* spp. (tipos herbáceos) • *Coreopsis* spp. (tipos herbáceos) • *Filipendula* spp. • *Geranium* spp. (no confundir con Pelargonio) • *Helenium* spp. (tipos herbáceos) • *Helianthus* spp. (tipos herbáceos) • *Leucanthemum maximum* (sin. *Chrysanthemum maximum*; Margarita blanca de verano) • *Lysimachia* spp. (tipos herbáceos) • *Lythrum* spp. (tipos herbáceos) • *Monarda didyma* • *Phlox* spp. (tipos herbáceos) • *Rudbeckia* spp. (tipos herbáceos) • *Solidago* spp.

Raíces carnosas: algunas herbáceas perennifolias poseen raíces leñosas y carnosas. Extraiga la planta y, con una navaja afilada, divida las coronas en varias partes. Incluyen:
• *Delphinium* spp. • *Lupinus polyphyllus* (también puede multiplicarse a partir de semillas y de esquejes)

Rizomas: Suelen crecer en parterres de herbáceas. Extraiga y divida las raíces y replante las divisiones. Como ejemplo, *Iris germanica* (véase pág. 32).

División de plantas de interior

Es el método más simple para multiplicar y revitalizar cualquier planta de interior de raíces fibrosas que haya quedado congestionada y que esté produciendo poco crecimiento nuevo. Estas plantas suelen proceder de otra situada en el centro de una maceta. Cuando divida la planta, escoja trozos jóvenes de la parte exterior, ya que la parte central es vieja e improductiva y es mejor desecharla. Las nuevas plantas serán frescas y vigorosas.

¿Por qué es necesaria?

EL MOMENTO ÓPTIMO

Las plantas de interior que se cultivan principalmente por la belleza de sus hojas, es mejor que se dividan en primavera. Las que florecen, sin embargo, deben dividirse en cuanto sus flores se marchiten. Deje la división de las plantas que florecen en otoño hasta la primavera siguiente.

La división en primavera (o tan pronto como sea posible) de las plantas de interior proporciona a las plantas jóvenes la posibilidad de estar bien establecidas para el verano.

Hasta que las plantas estén bien establecidas, colóquelas en un lugar con calor suave y ligeramente a la sombra.

DIVISIÓN DE UN ESPATIFILIO

1 *Para verificar si una planta de interior en mata necesita un cambio de maceta, sáquela de ésta. Si hay una mata de raíces, es necesario dividir la planta.*

2 *Separe la mata en varios trozos grandes con sus propios dedos. Puede ser necesario cortar algunas raíces.*

3 *Coloque cada nueva planta en una maceta limpia, a la misma profundidad que estaba antes. Después, añada poco a poco sustrato alrededor de las raíces y riéguela.*

DIVISIÓN DE LENGUA DE TIGRE

1 *La mejor manera de multiplicar la forma ribeteada en amarillo de Sansevieria trifasciata var. 'Laurentii', es por división. Separe la mata de raíces en varios trozos.*

2 *Llene una maceta con sustrato especial y ponga en su interior una planta nueva. Ajuste la altura del sustrato de modo que la planta esté a la misma profundidad que estaba antes.*

3 *Sujete la planta y vaya añadiendo sustrato poco a poco alrededor de las raíces. Deje un espacio de 12 mm entre la superficie del sustrato y el borde de la maceta. Después, riéguela.*

DIVISIÓN DE UNA SAINTPAULIA

Saintpaulia ionantha (Violeta africana) se puede reproducir tanto a partir de esquejes de hoja con pecíolo (véase pág. 25) como mediante la separación de una hoja sana y la suspensión de su tallo en agua limpia (véase pág. 21); en el caso de plantas congestionadas, también se utiliza la división. En primavera o a principios de verano, extraiga la planta congestionada de su maceta y divídala en varias plantas. Después, colóquelas en macetas individuales, compacte el sustrato y riegue.

PLANTAS DE INTERIOR PARA LAS QUE SE ACONSEJA LA DIVISIÓN

Muchas plantas de interior son buenas candidatas para la división:

- *Aspidistra elatior* (Aspidistra)
- *Calathea* spp.
- *Carex* spp.
- *Ctenanthe oppenheimiana* 'Tricolor'
- Helechos (muchos tipos en mata son apropiados)
- *Marantha* spp. (muchas son apropiadas)
- *Saintpaulia ionantha* (Violeta africana)
- *Spathiphyllum wallisii* (Espatifilio)
- *Stenotaphrum secundatum* (Hierba de San Agustín)
- *Stenotaphrum secundatum* 'Variegatum' (H. de S. Agustín jaspeada)

Bulbos, cormos y tubérculos

¿Son lo mismo?

Bulbos, cormos, tubérculos y rizomas son fuentes inagotables de energía almacenada (véase la definición abajo). Están situados bajo el suelo y, si se dan las condiciones adecuadas, darán lugar a espectaculares surtidos de flores. Los narcisos son famosos por sus flores de primavera. Los métodos de multiplicación empleados en cada caso son distintos, aunque siempre deben hacerse a partir de plantas sanas.

¿QUÉ SON?

- **Bulbos**: carnosos, con escamas unidas a una placa basal; con tallo joven (narcisos, jacintos y cebollas).
- **Cormos:** bases más gruesas que suelen estar recubiertas por una fina membrana seca (crocos y gladiolos).
- **Rizomas:** tallos horizontales parcial o totalmente enterrados. Muchos son finos, como *Convallaria majalis* (Lirio de los valles); *Iris germanica* (Lirio azul) tiene rizomas gruesos y ondulados, parcialmente enterrados.
- **Tubérculos:** raíces o tallos espesados e hinchados. Las dalias poseen raíces tuberosas; las patatas son tallos tuberosos.

DIVIDIR UNA DALIA

En otoño, una semana después de que sus hojas se hayan ennegrecido por el frío, extraiga los tubérculos de los parterres, utilizando una horca de jardinería. Corte los tallos en trozos de 15 cm y colóquelos cabeza abajo en un cobertizo aireado durante un par de semanas. Póngalos en cajas con turba húmeda.

Divida las matas de tubérculos con una cuchilla afilada, desde principios hasta mediados de primavera. Cada planta debe contener un tallo con brotes en crecimiento.

En el caso de que haya sólo unos pocos tallos, córtelos verticalmente por la mitad. Cada parte del tallo debe tener como mínimo un brote sano.

Espolvoree con un fungicida las superficies cortadas; después, plante cada trozo en un parterre, en agujeros de 15 cm de profundidad. Antes de plantar, introduzca una caña para señalar la posición.

DIVIDIR LOS IRIS RIZOMATOSOS

Extraiga y divida los rizomas de *Iris germanica* (Lirio) tan pronto como las flores empiecen a marchitarse. Si no es posible, extraiga y divida los rizomas a finales de verano.

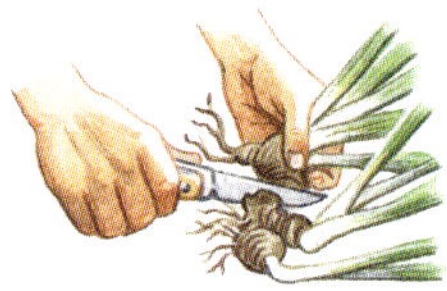

Desentierre la planta entera y utilice una navaja afilada para dividir las matas. Escoja fragmentos jóvenes de la parte exterior y descarte las partes viejas, centrales.

Cada fragmento debe tener uno o dos abanicos de hojas. Quite el tercio superior.

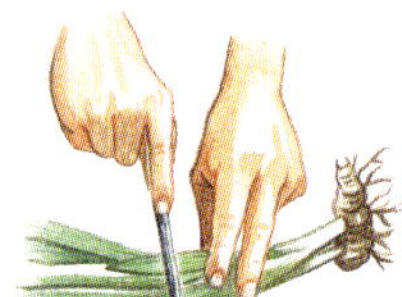

Replante las plantas jóvenes en un vivero o en un parterre, pero siempre a la misma profundidad que estaban.

Bulbos

Los bulbillos se desarrollan alrededor de los bulbos. Después de la floración y cuando el follaje haya caído de forma natural, extraiga los bulbos y quite con cuidado los bulbillos. Cuando éstos son grandes se pueden replantar, a finales de verano o a principios de otoño.

Se necesitan dos temporadas para que los bulbillos puedan producir flores. En otoño, cave un surco de base plana de 5-7,5 cm de profundidad, con arena en la base. Coloque los bulbillos espaciados y cúbralos con tierra friable. Al cabo de dos años, extráigalos y plántelos.

Cormos

Hacia el otoño, los viejos cormos se secan y queda un único cormo nuevo que florecerá durante el siguiente año. Además, los cormelos se agrupan en torno a su base. En otoño, extraiga las plantas con una horca y corte cada tallo 12 mm por encima del cormo. Deseche el antiguo y, en invierno, almacene el nuevo en un cobertizo seco.

Saque los cormelos y, en invierno, colóquelos en un cobertizo seco. A principios de primavera, cave un surco de 5 cm de profundidad y haga una línea con arena. Coloque los cormelos, espaciados, y cúbralos con tierra friable. Extráigalos en otoño y almacénelos en invierno. Repita la operación al año siguiente.

Acodo de arbustos y árboles

Se trata de un método tan simple como seguro. Sin embargo, no es rápido, ya que el acodo puede tardar más de un año en arraigar y poder ser separado de la planta madre. Entonces, puede plantarse en un vivero o en un parterre. Para que un arbusto o un árbol pueda ser acodado, es esencial que disponga de una rama joven cercana al suelo que sea flexible y se pueda doblar para tener la punta erguida.

¿Es un método sencillo?

LA PREPARACIÓN DEL SUELO

Para los jardineros aficionados, el acodo es un modo excelente de multiplicar arbustos y trepadoras. Sin embargo, la zona donde se va a acodar el tallo tendrá que dejarse durante casi un año, por lo que hay que quitar todas las malas hierbas, en especial las de tipo perenne, que producirán nuevos brotes, a menos que se arranquen las raíces.

CÓMO ACODAR UN ARBUSTO

1 *Escoja un vástago sano, poco crecido, de hasta dos años de edad. Cave un agujero con los bordes en ángulo vertical de 7,5-15 cm de profundidad en el borde más bajo, a 23-45 cm de la punta del vástago. Baje el vástago hasta la depresión y doble la punta para mantenerla erguida. Haga una herida en la rama, ya sea haciendo una incisión en el punto donde se curva o bien retirando parte de la corteza de la zona inferior de la rama con un corte de el doble de su diámetro.*

2 *Sujete la rama al suelo con un trozo de alambre doblado o con una estaca. Compacte la tierra de alrededor. Introduzca una caña de bambú y ate a ella la rama, para que crezca segura y erguida.*

3 *Cuando aparezcan raíces en el vástago acodado, quite la tierra y separe el vástago de la planta madre, para plantarlo en un vivero o en un parterre.*

Veinte arbustos, árboles y trepadoras que pueden acodarse

Para más información sobre estas plantas, consulte el índice de la A a la Z de la reproducción de las plantas (págs. 42-78).

- *Amelanchier* (Guillomo) • Azalea
- *Chaenomeles* (Membrillero del Japón)
- *Chimonanthus praecox* (Flor de invierno)
- *Clematis* • *Cornus alba* (Cornejo)
- *Cotoneaster* • *Forsythia* (Forsitia)
- *Garrya elliptica*
- *Hamamelis* (Nogal de las brujas)
- *Jasminum nudiflorum* (Jazmín de invierno)
- *Liriodendron tulipifera* (Tulipífero de Virginia)
- *Magnolia* • *Parthenocissus* • *Pieris*
- *Piptanthus* • *Rhododendron* • *Rus typhina* (Zumaque) • *Viburnum* • *Wisteria*

CÓMO REALIZAR UN ACODO APICAL

Es un método para multiplicar plantas con ramas largas y colgantes, cuyas puntas se puedan bajar hasta el suelo para ser enterradas. Entre las plantas conocidas que pueden acodarse apicalmente se encuentran las zarzas, los frambuesos norteamericanos y otras bayas híbridas.

1 *A finales de verano o a principios de otoño, escoja una rama larga y sana, y acérquela al suelo. Con un desplantador, haga un agujero de 7,5-15 cm de profundidad en el lugar donde la rama toca al suelo. Como método alternativo, entierre la punta en una maceta de 15 cm de fondo, enterrada hasta el borde; el sustrato se mantendrá húmedo y fresco.*

2 *Coloque la punta de la rama en el agujero y manténgala en su posición con un trozo de alambre doblado. Cubra la punta con tierra y nivele y compacte la superficie. Después, riegue la zona y manténgala húmeda hasta que el enraizado esté completo. En primavera, separe la rama a unos 30 cm de la punta. La punta enraizada puede entonces trasplantarse a un vivero o a su posición final.*

Acodo de plantas de interior

¿Es un método rápido?

El acodo es un método sencillo y seguro para multiplicar plantas de interior. Sin embargo, no es rápido: se suelen necesitar varias semanas para que se formen las nuevas raíces, momento en el cual pueden ser separadas de la planta madre y transferidas a macetas individuales. Es el método ideal para multiplicar plantas de jardín con tallos largos y flexibles (véase la variedad de plantas aconsejadas) y tiene la ventaja de ofrecer un alto porcentaje de éxito.

LA ELECCIÓN DEL MOMENTO OPORTUNO

Las mejores épocas para acodar plantas de interior son finales de primavera y principios de invierno, cuando las plantas inician un periodo de crecimiento fuerte, después de un periodo de latencia parcial durante el invierno. De este modo, los tallos acodados pueden arraigar y ser transferidos a macetas antes de la llegada del otoño. Controle siempre que tanto la planta madre como los vástagos acodados estén sanos y libres de plagas y enfermedades.

ACODO DE UNA HIEDRA

1 Escoja un vástago sano y haga un doblez de 10-15 cm de longitud, sin llegar a separarlo.

2 Introduzca la parte curvada en una maceta con sustrato y sujétela con un alambre doblado. Compacte y riegue.

3 Mantenga el sustrato húmedo y, cuando haya enraizado, separe con unas tijeras el tallo cerca de la nueva planta.

ACODO DE PHILODENDRON SCANDENS (FILODENDRO)

1 Baje un tallo hacia una maceta con sustrato y húndalo hacia la superficie. Sujételo con alambre.

2 Compacte el sustrato de alrededor del joven vástago; riegue para asentarlo alrededor de éste.

3 Cuando aparezcan vástagos en la punta del acodo, sepárelo de la planta madre con unas tijeras.

PLANTAS DE INTERIOR QUE SE ACODAN

- *Cissus antarctica* (Vid canguro)
- *Cissus rhombifolia* (Hiedra de la uva)
- *Epipremnum aureum* (Poto)
- *Hedera canariensis* (Hiedra canaria) y sus variedades cultivadas
- *Hedera helix* (muchas formas variegadas)
- *Philodendron scandens* (Filodendro)
- *Plectranthus coleoides* 'Marginatus' (Incienso)

Colocación de las macetas en la misma bandeja

Cuando acode a la vez varios tallos procedentes de la misma planta madre, coloque todas las macetas en una bandeja de plástico grande. Así, le será más fácil trasladar la planta madre y, quizás, tres o más macetas pequeñas a la vez, sin perturbar los vástagos acodados.

Acodo aéreo de plantas de interior

El acodo aéreo de una planta de interior es una manera fascinante de hacer revivir estas plantas, como la popular *Ficus elastica* (Higuera del caucho), cuando han perdido las hojas de alrededor de la parte inferior de su tallo. Sin embargo, debe quedar un trozo de tallo repleto de hojas sanas de unos 45 cm de longitud. Aunque el acodo puede realizarse a lo largo de todo el año, da mejor resultado cuando se lleva a cabo desde primavera hasta finales de verano.

¿Qué acarrea este método?

UN PROBLEMA DE LONGEVIDAD

Algunas plantas de interior con hojas tienen una expectativa de vida tan larga y una forma tan parecida a un árbol que, cuando los tallos se quedan sin hojas, a menudo resultan poco estéticas. Sin embargo, se puede hacer un acodo aéreo para conseguir que vuelvan a ser otra vez atractivas; en la parte inferior se explican los pasos para conseguirlo.

ACODO DE UNA HIGUERA DEL CAUCHO

1 Con una navaja afilada, haga un corte inclinado hacia arriba cuya longitud sea de dos tercios la del tallo y que esté a 7,5-10 cm de la hoja más baja.

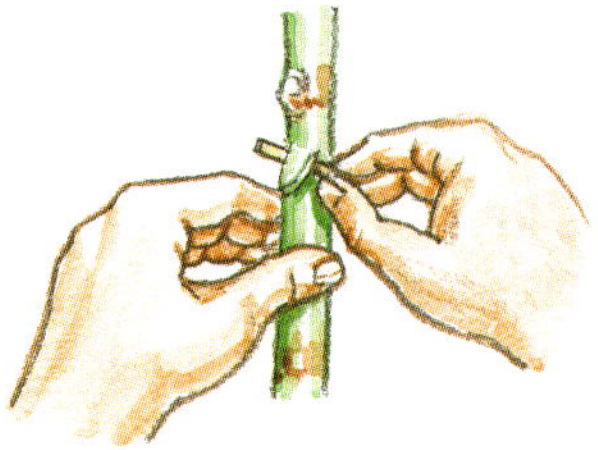

2 Utilice una cerilla para mantener abierto el corte y espolvoree con polvo de enraizado. Recorte los extremos de las cerillas largas.

3 Enrolle alrededor del corte una tira de polietileno transparente de 20-25 cm de longitud; sujete por la parte baja y rellene con turba húmeda. Selle la parte superior.

4 Mantenga húmedo el sustrato de la planta madre. Al cabo de unas seis semanas, aparecerán raíces en el interior del polietileno. Separe el tallo y quite el polietileno.

5 Antes de que las raíces se sequen, ponga la planta en una maceta con sustrato. Sujete la planta con una caña hasta que esté establecida.

OTRAS PLANTAS DE INTERIOR SUSCEPTIBLES DE ACODO AÉREO

La planta de interior *Ficus elastica* (Higuera del caucho) y sus formas es el caso más conocido de acodo aéreo, aunque existen otras dos plantas que también responden a este tratamiento:

- *Dieffenbachia maculata*
- *Monstera deliciosa* (Costilla de Adán)

LA PLANTA VIEJA

No tire la planta vieja, ya que se puede favorecer su conversión en otra planta para la casa. Pode el tallo de la planta vieja, que sigue creciendo en su maceta, hasta justo por encima de una yema y colóquela en un lugar con calor suave. Mantenga el sustrato húmedo y, al cabo de pocas semanas, aparecerán nuevos brotes.

EN EL EXTERIOR

También conocido como acodo "marcottage" o "gootee", este sistema ya se practicaba en la India y en China y consiste en favorecer la formación de raíces en los tallos mientras siguen unidos a la planta madre. Se utilizaba para árboles difíciles de reproducir a partir de esquejes o cuyas ramas fueran difíciles de doblar para ser enterradas.

El "marcottage" o "gootee" se llevaba a cabo mediante el esqueje de un tallo justo por debajo de un brote con hoja, con un corte inclinado hacia arriba y un palito en cuña para mantenerlo abierto. A su alrededor se ponía un puñado de turba húmeda, envuelta en fibra de bonote. Para retener la humedad alrededor del corte se suspendía encima un pequeño cubo de bambú y, con una mecha, se transfería la humedad. El proceso se realizaba en la "estación húmeda", justo cuando el árbol iniciaba su crecimiento activo. Al cabo de 3 o 4 meses, se formaban raíces y la rama se separaba de la rama madre para plantarla.

Tallos rastreros y plántulas

¿Son fáciles de enraizar?

Tanto la fijación de los tallos rastreros con estacas en el interior del sustrato como el enraizado de plántulas para el desarrollo de nuevas plantas, parecen fascinar a la gente. Son métodos para multiplicar plantas de interior que pueden realizarse en casa, así como en invernaderos o cobertizos. Incluso puede pedir a los amigos que tengan *Kalanchoe daigremontiana* o *Kalanchoe delagoensis* (véase la parte inferior derecha) que le den plántulas para enraizarlas.

¡LABERINTO BOTÁNICO!

Tanto *Kalanchoe daigremontiana* como *Kalanchoe delagoensis* han sufrido cambios radicales en su denominación: la primera (véase abajo) se denominaba antiguamente *Bryophyllum daigremontianum*, y la segunda (página siguiente), *Kalanchoe tubiflora* y *Bryophyllum tubiflorum*.

CINTA

1 Las cintas poseen tallos largos, arqueados y trepadores, con pequeñas plántulas en los extremos que pueden ser estimuladas para formar raíces.

2 Fije una plántula al interior de una pequeña maceta con sustrato con un alambre doblado, sin separar el tallo. Riegue y coloque la maceta en un lugar con calor suave.

3 Cuando la plántula desarrolle tallos y raíces, separe el tallo por un punto cercano a la planta (y también al lado de ésta).

Para un traslado fácil...

Habitualmente se introducen en macetas varias plántulas a la vez. Para favorecer el traslado conjunto de la planta madre y de las diversas macetas sin demasiada perturbación para éstas, colóquelas en una bandeja de plástico plana grande.

K. DAIGREMONTIANA

1 Las hojas, suculentas y con forma de sombrero, desarrollan plántulas en sus bordes; estas plántulas pueden ser separadas y estimuladas para que formen raíces.

2 Esparza las plántulas sobre el sustrato, en macetas, o bien espácielas e introdúzcalas en el sustrato con ayuda de un plantador.

3 Hunda las plántulas en el sustrato, manténgalo ligeramente húmedo y colóquelas en un lugar con calor suave. Cuando se formen las raíces, extraiga las plántulas con cuidado.

4 Cuando crezcan fuertes, trasplante cada plántula a una maceta individual. Riegue con moderación y colóquelas en un lugar con calor suave hasta que estén establecidas.

KALANCHOE DELAGOENSIS

1 *Con el paso del tiempo, las plántulas de los extremos de las hojas tubulares suculentas desarrollan raíces filamentosas. Se pueden separar las plántulas y favorecer su crecimiento en macetas individuales.*

2 *Extraiga las plántulas con suavidad y espácielas sobre una superficie de sustrato que retenga la humedad. Utilice la punta de un cuchillo o un lápiz para espaciarlas.*

3 *Hunda suavemente las plántulas, una a una, en el sustrato. El desarrollo se retardará a menos que sus raíces estén en contacto directo con el sustrato.*

4 *No riegue las plántulas desde arriba. En lugar de ello, ponga las macetas en un recipiente poco profundo con agua. Cuando la humedad alcance la superficie, quite las macetas y haga que drenen.*

5 *Cuando las plántulas hayan enraizado y empiecen a crecer, trasplántelas, ya sea de forma individual a macetas pequeñas o bien en grupos de tres a una maceta mayor, para crear una presentación más efectiva.*

OTRAS PLANTAS PARA MULTIPLICAR A PARTIR DE PLÁNTULAS Y BULBILLOS

- *Asplenium bulbiferum*: es una planta de interior o de invernadero con frondas verdosas donde crecen bulbillos (bulbos pequeños, inmaduros). Éstos se pueden separar y hundir en sustrato, en macetas.
- *Tolmiea menziesii*: perenne resistente que crece tanto en interior como en jardín. En las hojas se desarrollan plántulas que se pueden separar y enraizar.

La multiplicación de rosales

¿En qué consiste el injerto de escudete?

Se une una yema sana procedente de una variedad deseada a un portainjertos (patrón de raíz) de otra variedad. Es el principal método para multiplicar los rosales híbridos de Té y los Floribundas. También se utiliza para crear rosales patrón de "medio pie", "de pie" y "llorones". La toma de esquejes es un método alternativo, pero está más aconsejado para los Floribundas, la mayoría de rosales arbustivos, los trepadores y los vigorosos rosales enredadera.

EL INJERTO DE ESCUDETE DEL ROSAL PATRÓN

La técnica, consistente en hacer cortes en forma de "T" e insertar yemas, es la misma para los injertos de escudete de rosales patrón o de rosales arbustivos. La diferencia está en que se insertan tres yemas por encima del nivel del suelo, a una altura de 75-90 cm para los de "medio pie" y a 1,2-1,3 m para los "de pie". Prepare el portainjertos permitiendo que crezca un único tallo, bien por encima de la altura deseada para el injerto, y sujetándolo. El éxito en el injerto de rosales depende de si se efectúa en el momento adecuado, cuando la corteza se extrae fácilmente de la madera.

CÓMO HACER UN INJERTO DE ESCUDETE DE UN ROSAL ARBUSTIVO

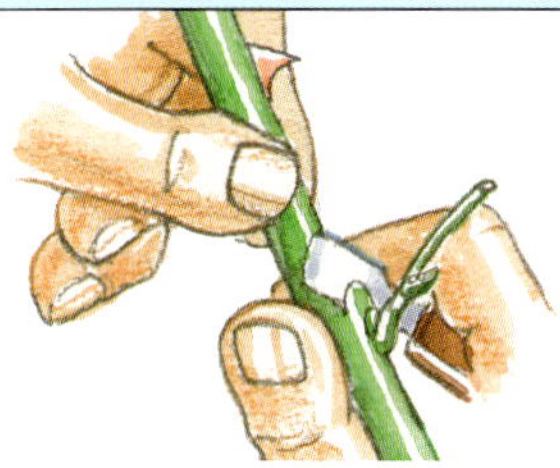

1 *Escoja un tallo sano con una yema en crecimiento de la variedad deseada (se suele cortar antes y se mantiene húmeda). Separe las hojas y deje los tallos foliares con una longitud de 12mm. Introduzca un cuchillo afilado 18 mm por encima de la yema y, pasando bajo ésta, hágalo salir 12 mm por debajo, de modo que se separe la yema unida a una astilla de madera.*

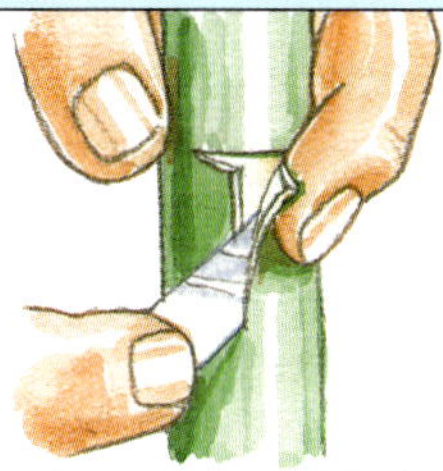

2 *Cuando injerte rosales híbridos de Té o Floribundas, limpie bien de tierra la base del portainjertos, a 3,5-5 cm por encima del suelo. Después, haga un corte en forma de "T", de unos 3,5 cm en vertical y unos 12-18 mm de anchura. Levante la corteza con el extremo en forma de espátula de un cuchillo para injertos.*

3 *Sostenga la yema por su tallo, quite la astilla de madera de detrás y desde el extremo superior, deslícela hacia el corte en forma de "T". Puede ser que necesite utilizar el extremo en forma de espátula del cuchillo para abrir más las solapas. Cuando la yema esté asegurada, elimine con una navaja cualquier parte de madera que pudiera sobresalir.*

4 *Sujete la yema firmemente en su posición con rafia o con una cinta de goma para injertos. Cuando utilice rafia, hágala más flexible sumergiéndola en agua durante algunos minutos. Enrolle la rafia alrededor de la parte superior e inferior de la yema, sin cubrirla. Asegúrese de no dañar ni golpear el tallo foliar.*

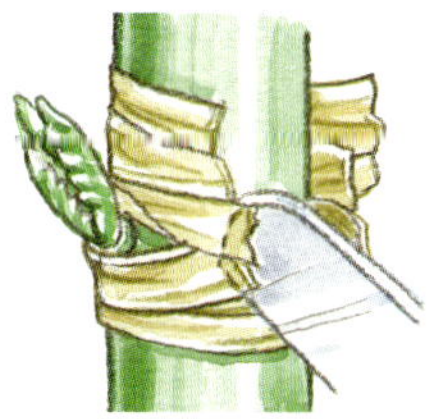

5 *Al cabo de tres o cuatro semanas, el engorde de la yema indica de que la unión de la yema con el portainjertos ha tenido éxito. Al mismo tiempo, el tallo foliar se desprende. Corte la rafia por el lado opuesto a la yema con una navaja. Si se dejara restringiría el flujo de savia e impediría el crecimiento.*

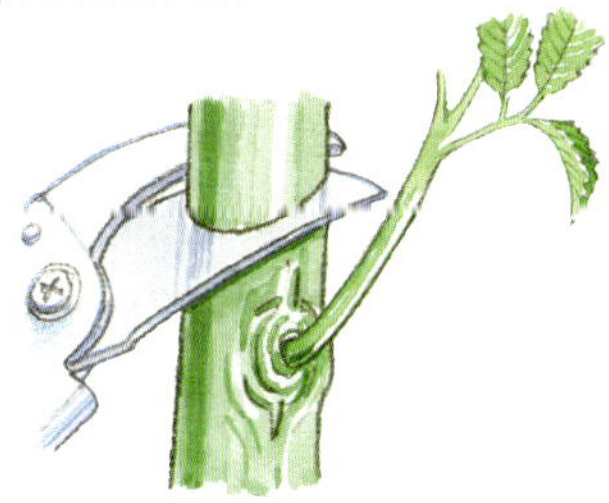

6 *Mantenga la zona libre de malas hierbas y, a principios o a mediados de primavera del siguiente año, corte con unas tijeras de podar la parte superior del brote 12 mm por encima de la yema. Tenga cuidado de no golpear o dañar la yema o su tallo en crecimiento. Elimine los serpollos que crezcan del portainjertos.*

Injerto de lengüeta y de sillín

El injerto de lengüeta es un tipo de injerto que se utiliza para crear nuevos perales y manzanos. La lengüeta ayuda a sostener la parte que contiene la variedad (púa) a la parte enraizada (portainjertos). Se debe realizar a finales de la temporada de latencia, a principios de primavera, cuando los árboles comienzan el periodo de crecimiento. El injerto de sillín es el adecuado para los rododendros y se realiza en invernaderos a finales de invierno o principios de primavera.

¿Qué suponen estos métodos?

CÓMO HACER UN INJERTO DE LENGÜETA

1 La parte que contiene la variedad (púa) está formada por una rama sana de un año con 3-4 yemas. Corte la parte superior por encima de una yema, con un corte en diagonal de 3,5 cm de longitud, en el lado opuesto a la yema inferior. En la mitad, realice una incisión vertical para hacer una lengüeta.

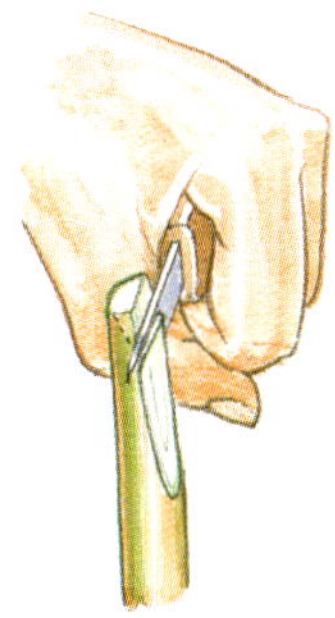

2 Corte la parte enraizada (portainjertos) 7,5-10 cm por encima del suelo y corte la parte superior con un corte largo en diagonal. En la mitad de éste, haga una incisión vertical para formar una lengüeta, que permitirá la unión con la púa y que ayudará a mantenerla en su sitio hasta que se enrolle la rafia.

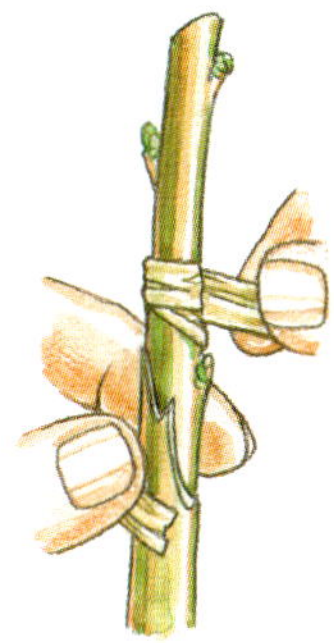

3 Coloque la púa sobre el portainjertos y junte las "lengüetas" hasta que ambas partes encajen. Después, enrolle la rafia alrededor del injerto y recúbrala con cera para injertos. Ponga también una gota de cera en la parte superior de la púa, para sellarla.

CÓMO HACER EL INJERTO DE SILLÍN DE UN RODODENDRO

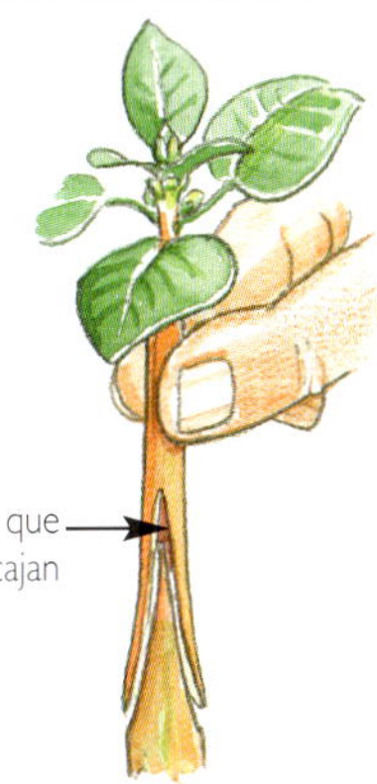

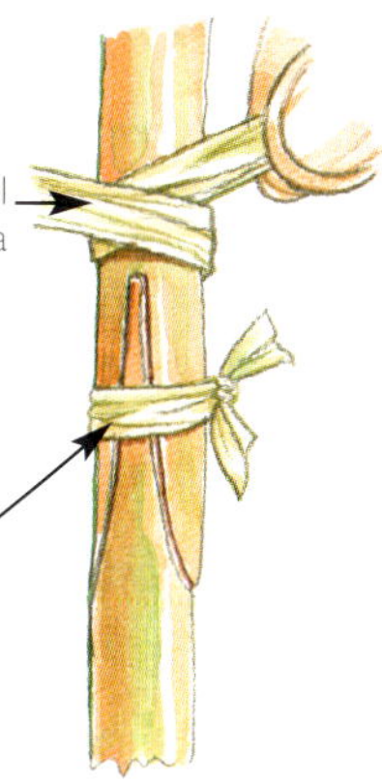

1 Este método se utiliza para obtener variedades de rododendros. Se realiza en un invernadero con calor suave a finales de invierno o a principios de primavera. Corte el portainjertos para que tenga una longitud de 5-7,5 cm y dele forma de "V" invertida.

2 Para la púa, escoja una rama sana de unos 7,5-10 cm de longitud, con un brote en su extremo. Es preferible que tenga un grosor parecido al del portainjertos. Haga un corte en forma de "V" en la base, de manera que encaje con el portainjertos.

3 Encaje las dos partes y, al principio, asegure la unión con un trozo de rafia. Después, envuelva todo el injerto con ésta. No es necesario que recubra la rafia con cera, ya que la planta permanece en un invernadero y se puede evitar la pérdida de humedad.

Injerto para árboles frutales

¿Cuándo es necesario?

Antes de la introducción de la gama de portainjertos enanos para manzanos y perales actuales, muchos árboles acababan creciendo demasiado, a veces hasta una altura de 6 m o más. Esto significaba que tanto el cuidado del árbol como la recogida de la cosecha eran dificultosos. Aparte de ralentizar el crecimiento del manzano y del peral recortando sus raíces, otra solución consiste en rejuvenecer el árbol mediante el injerto de nuevas variedades en sus ramas.

TRABAJOS EN LA COPA DEL ÁRBOL E INJERTOS EN LA ESTRUCTURA

Son dos maneras distintas de cambiar la naturaleza de un árbol frutal e introducir diferentes variedades.

- Los trabajos en la copa del árbol suponen un corte radical y la creación de un sistema de ramas nuevo (véase abajo).
- Los injertos en la estructura son menos drásticos y suponen dejar las ramas intactas e injertar muchas púas en un mismo árbol, utilizando una amplia variedad de tipos de injerto (véase página siguiente).

TRABAJOS EN LA COPA DEL ÁRBOL

El injerto de corona, también llamado de corteza, es el principal método de trabajo en la parte superior del árbol. En principio, supone cortar todas las ramas para dejarlas a 60-90 cm de la horqueta del árbol. Los tocones de las ramas que quedan deben tener una anchura de no más de 13 cm, incluso es mejor que tengan 7,5-10 cm. A veces, las ramas se recortan en otoño o en invierno a unos 1,2 m de la horqueta, y se vuelven a recortar a finales de invierno o principios de primavera para producir superficies de corte frescas. Utilice una navaja afilada para alisar la superficie.

1 *Con una navaja afilada, haga uno, dos o tres cortes descendentes de 3,5 cm de longitud en la parte lateral de cada tocón.*

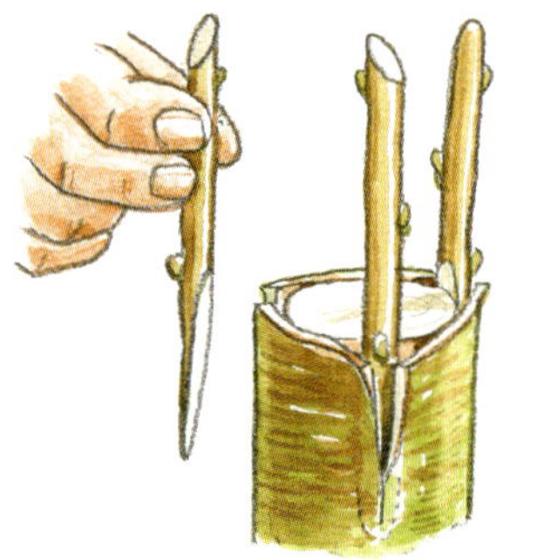

2 *Con un cuchillo, haga palanca para mantener abiertos los bordes superiores e introduzca una púa (véase recuadro).*

PREPARACIÓN DE LAS PÚAS

- Forme púas a partir de ramas de un año de edad; córtelas en invierno y etiquételas y guárdelas en un vivero a la sombra.
- Cuando llegue la época de injertado (de mediados a finales de primavera para los trabajos de copa), lávelas.
- De cada tallo se pueden obtener varias púas, cada una con 3-4 yemas, pero las púas no se deben tomar de la parte superior.
- Prepare cada púa cortando el extremo superior justo por encima de una yema y la base justo por encima de la cuarta o quinta yema. Después, haga un corte diagonal de 3,5 cm de longitud en la cara opuesta a la yema más baja.
- Para favorecer el encaje de la púa en el corte, haga una incisión diagonal en la base, de 6 mm de longitud, en el lado de la yema.
- Inserte la púa, hasta 3,5 cm de profundidad.
- Continúe con el paso 3 (representado a la derecha).

3 *Cuando las púas estén en su sitio, enrolle un cordel alrededor de cada tocón, hasta la profundidad del corte.*

4 *Con una brocha, recubra con cera de injertado el cordel, los cortes, la parte superior de los tocones y las puntas de las púas.*

INJERTOS EN LA ESTRUCTURA

Injerto de empalme lateral externo

1 *La púa se mantiene en su sitio gracias a la tensión. Escoja un vástago principal y, cerca de la unión con la rama, haga un corte descendente de dos tercios de su longitud. El peso del vástago mantiene el corte abierto y permite insertar una púa con 7-8 yemas, con base terminada en punta, en forma de "V".*

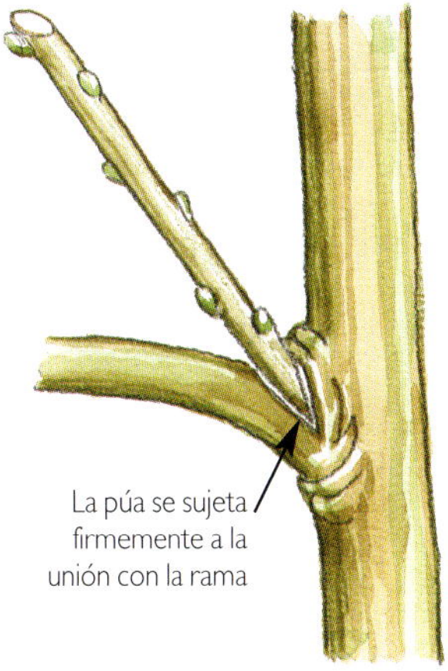

2 *Cuando la púa esté asegurada en su sitio, separe la rama, un poco más allá del injerto. Recubra la base del injerto, así como el tocón y los extremos superiores de las púas, con cera para injertos.*

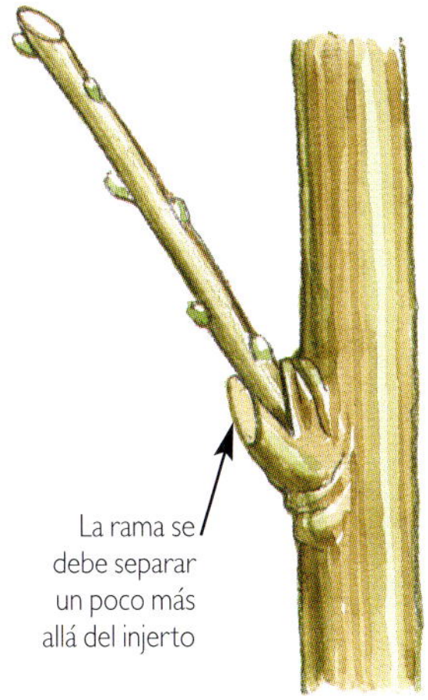

Injerto en "L" invertida

Los injertos en "L" invertida y los injertos laterales se usan para producir ramas laterales. Haga un corte en forma de "L", con lados de 2,5-3 cm de longitud, en el lateral de una rama gruesa. El corte produce una solapa en la que se puede insertar una púa con 7-8 yemas y con base terminada en punta. Cuando esté en su sitio, el borde de la púa en contacto con el borde del corte, mantenga la posición con un clavito. Recubra con cera para injertos.

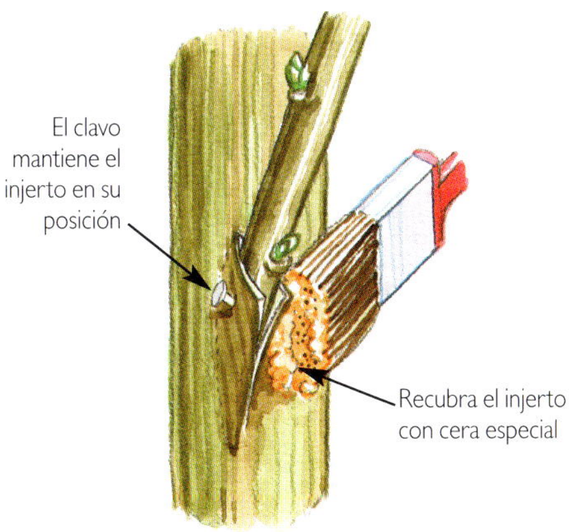

Injerto lateral

Se crean ramas laterales mediante la inserción de púas en cortes descendentes de 2,5-3 cm de longitud y la posterior formación en la rama de una lengüeta rígida. Empuje la púa, con 7-8 yemas y con la base cortada en forma triangular, hacia el interior de la solapa; una de las caras de la púa debe estar alineada con el borde del corte. Recubra con cera.

Árboles apropiados y momento aconsejado

- El injerto en la estructura, que se realiza en primavera, es aconsejable para manzanos y perales así como para frutales de hueso, como ciruelos y cerezos.
- Los trabajos en la copa del árbol también son adecuados para este tipo de frutales. Sin embargo, cuando prepare el esqueje, no corte las ramas de los frutales de hueso cuando están en periodo de latencia, en invierno, ya que, a través del corte, pueden entrar algunas enfermedades.

Dónde hacer los injertos en la estructura

Dado que los injertos en la estructura tienen una influencia decisiva en la forma del árbol resultante, es importante escoger sus posiciones con cuidado. Repártalos por todo el árbol, no los concentre en un único lugar. También es apropiado recordar que los injertos verticales dan lugar a ramas más fuertes que las de los horizontales. Por ello, es mejor colocar las puntas verticalmente.

Cajones de savia

Cuando realice un trabajo de copa, deje en su sitio algunas de las ramas principales debajo de los injertos, ya que actuarán como cajones de savia. Más tarde, cuando los injertos hayan desarrollado ramas robustas, puede eliminarlas o injertarlas. Dejar estas ramas ayuda a alimentar las raíces y a favorecer el crecimiento. En el caso de los injertos en la estructura, no es necesario considerar estos cajones.

Índice de nombres comunes

Las plantas que aparecen a continuación (véanse págs. 42-50) están listadas según sus nombres comunes; se hace también referencia cruzada a sus nombres científicos (véanse págs. 51-78). Se pretende asegurar que el lector pueda encontrar la información para reproducir una planta determinada. Algunos nombres comunes se refieren a plantas concretas, mientras que otros se refieren a grupos de plantas (género).

A ÍNDICE DE NOMBRES COMUNES A

Abedul
cat. Bedoll; gal. Vido; eusk. Urkhi; fr. Bouleau blanc; it. Betulla; ing. Birch; al. Birke
Véase *Betula.*

Abeto
cat. Avet; gal. Abeto; eusk. Izai; fr. Sapin; ing. Spruce
Véase *Picea.*

Abrótano macho
cat. Abròtan mascle; fr. Aurône mâle; ing. Southernwood; al. Eberraute
Véase *Artemisia abrotanum.*

Acanto
cat. Acant; gal. Acanto; eusk. Malorri; ing. Bear's Breeches
Véase *Acanthus mollis* y *Acanthus spinosus.*

Acebo
cat. Grèvol; gal. Aquifólio; eusk. Gorosti; fr. Houx; ing. Common Holly; al. Stechpalme
Véase *Ilex aquifolium.*

Acentor
ing. Self-heal
Véase *Prunella.*

Aciano
cat. Blavet; gal. Fidalginhos; eusk. Nabarr lore; fr. Bleuet; ing. Cornflower; al. Blaue Kornblume
Véase *Centaurea cyanus.*

Adonis de verano
ing. Pheasant's Eye
Véase *Adonis aestivalis.*

Adormidera
cat. Cascall; gal. Dormideira; eusk. Lobelarr; fr. Pavot; it. Papavero; ing. Opium Poppy; al. Schlafmohn
Véase *Papaver somniferum.*

Aecmea
ing. Urn Plant
Véase *Aechmea.*

Afelandra
ing. Zebra Plant
Véase *Aphelandra squarrosa.*

Agapanto
ing. African Lily
Véase *Agapanthus.*

Agracejo
cat. Coralets; gal. Bérberis; eusk. Saparlarr; fr. Épine-vinette; it. Crespino; ing. Barberry; al. Berberitze
Véase *Berberis.*

Aguileña
cat. Aliguenya; gal. Acoleja; eusk. Kukupprraka; fr. Clochette; ing. Columbine, Granny's Bonnet
Véase *Aquilegia vulgaris.*

Ajedrea
cat. Sajolida; fr. Sarriette; ing. Winter Savory; al. Bohnenkraut
Véase *Satureja montana.*

Ajenjo
cat. Absenta; gal. Absinto; eusk. Asentsio; fr. Absinthe; it. Assenzio romano; ing. Common Wormwood; al. Wermut
Véase *Artemisia absinthium.*

Aio
cat. All; gal. Alho; eusk. Beratz; fr. Ail; it. Aglio; ing. Garlic; al. Knoblauch
Véase *Allium sativum.*

Albahaca
cat. Alfàbrega; gal. Alfádega; eusk. Albaraka; fr. Basilic; ing. Sweet Basil; al. Basilic
Véase *Ocimum basilicum.*

Albaricoquero
cat. Albercoquer; fr. Abricotier; ing. Apricot
Véase *Prunus.*

Alcachofa borriquera
ing. Cotton Thistle, Scotch Thistle
Véase *Onopordum acanthium.*

Alcaravea
cat. Càrvit; gal. Alcaravia; eusk. Txarpoil; fr. Carvi; ing. Caraway; al. Kümmel
Véase *Carum carvi.*

Alegría
ing. Balsam, Touch-me-not
Véase *Impatiens balsamina.*

Alegría de la casa
ing. Busy Lizzie
Véase *Impatiens walleriana.*

Alerce
fr. mélèze; ing. European Larch
Véase *Larix decidua.*

Alhelí
ing. Wallflower
Véase *Erysimum cheiri.*

Alhelí
ing. Virginia Stock
Véase *Malcomia maritima.*

Alhelí
ing. Stock
Véase *Matthiola incana.*

Alhelí alpino
ing. Alpine Wallflower, Fairy Wallflower
Véase *Erysimum alpinum.*

Alhelí siberiano
ing. Siberian Wallflower
Véase *Erysimum* x *allionii.*

Alhucema
ing. Lavender, Old English Lavender
Véase *Lavandula angustifolia.*

Aligustre
cat. Olivella; gal. Alfenheiro; eusk. Zuhain madarikatu; fr. Troène; ing. Common Privet
Véase *Ligustrum ovalifolium.*

A ÍNDICE DE NOMBRES COMUNES B

Aligustre del Japón
ing. Japanese Privet
Véase *Ligustrum japonicum.*

Almendro
cat. Ametller; gal. Amendoeira;
eusk. Almendara; fr. Amandier; ing. Almond;
al. Mandelbaum
Véase *Prunus.*

Almendro enano
ing. Dwarf Russian Almond
Véase *Prunus tenella.*

Alquémila
ing. Lady's Mantle
Véase *Alchemilla.*

Amapola amarilla
ing. Welsh Poppy
Véase *Meconopsis cambrica.*

Amapola azul
ing. Blue Poppy, Himalayan Blue Poppy
Véase *Meconopsis betonicifolia.*

Amapola de California
fr. Eschsoltzia; ing. Californian Poppy;
al. Eschsoltzie
Véase *Eschscholzia californica.*

Amapola de campo
ing. Field Poppy
Véase *Papaver rhoeas.*

Amapola mexicana
ing. Californian Tree Poppy, Matilija, Tree Poppy
Véase *Romneya coulteri.*

Amapola oriental
ing. Oriental Poppy
Véase *Papaver orientale.*

Amaranto
fr. Amarante; ing. Prince's Feather
Véase *Amaranthus hypochondriacus.*

Amaranto
ing. Joseph's Coat
Véase *Amaranthus tricolor.*

Amaranto globoso
ing. Batchelor's Button, Globe Amaranth
Véase *Gomphrena globosa.*

Amarilis
ing. Belladonna Lily
Véase *Amaryllis belladonna.*

Amor de hombre
ing. Wandering Jew
Véase *Tradescantia fluminensis.*

Anémona de los bosques
cat. Buixol; fr. Anémone sylvestre;
ing. European Wood Anemone, Wood
Anemone; al. Busch-Windröschen
Véase *Anemone nemorosa.*

Anémona de los bosques
ing. Pasque Flower
Véase *Pulsatilla vulgaris.*

Angélica
cat. Angèlica; gal. Angelica; fr. Angélique;
it. Angelica arcangelica; ing. Angelica;
al. Engelwurz
Véase *Angelica archangelica.*

Anís verde
cat. Anís verd; gal. Anís verde; fr. Anis vert;
it. Anice verde; ing. Aniseed; al. Anis
Véase *Pimpinella anisum.*

Apio de monte
ing. Lovage
Véase *Levisticum officinale.*

Aponogeton
ing. Cape Asparagus, Cape Pondweed,
Water Hawthorn
Véase *Aponogeton distachyos.*

Arábide
ing. Rock Cress, Wall Rock Cress
Véase *Arabis alpina subesp. caucasica.*

Arañuela
ing. Norfolk Island Pine
Véase *Araucaria heterophylla.*

Araucaria
ing. Chile Pine, Monkey Puzzle
Véase *Araucaria araucana.*

Árbol de Katsura
ing. Katsura Tree
Véase *Cercidiphyllum japonicum.*

Árbol de la vida
ing. Western Red Cedar
Véase *Thuja plicata.*

Árbol de las amapolas
ing. Californian Tree Poppy
Véase *Romneya coulteri.*

Árbol del ámbar
ing. American Sweet Gum, Sweet Gum
Véase *Liquidambar styraciflua.*

Árbol del amor
ing. Judas Tree, Love Tree
Véase *Cercis siliquastrum.*

Árbol del paraíso
ing. Oleaster
Véase *Elaeagnus angustifolia.*

Arbusto de las mariposas
ing. Butterfly Bush, Summer Lilac
Véase *Buddleja davidii.*

Arce
cat. Arç; gal. Bordo; fr. Érable; ing. Maple
Véase *Acer.*

Aro de agua
ing. Skunk Cabbage
Véase *Lysichiton.*

Aspérula
ing. Annual Woodruff
Véase *Asperula orientalis.*

Aspérula olorosa
cat. Aspèrula olorosa; gal. Aspérula;
fr. Aspérule odorante; ing. Woodruff;
al. Waldmeister
Véase *Asperula odorata.*

Aspidistra
ing. Cast Iron Plant
Véase *Aspidistra elatior .*

Áster
ing. China Aster
Véase *Callistephus chinensis.*

Áster mexicano
ing. Cosmea, Mexican Aster
Véase *Cosmos bipinnatus.*

Astrancia
ing. Masterwort
Véase *Astrantia.*

Aucuba
ing. Spotted Laurel
Véase *Aucuba japonica.*

Azalea
ing. Azalea
Véase *Rhododendron.*

Azucena
ing. Lily
Véase *Lilium.*

Azucena peruana
ing. Peruvian Lily
Véase *Alstroemeria.*

Barba de chivo
ing. Goat's Beard
Véase *Aruncus dioicus.*

B ÍNDICE DE NOMBRES COMUNES C

Begonia
ing. Wax Begonia
Véase *Begonia semperflorens*.

Begonia "Cruz de hierro"
ing. Iron Cross Begonia
Véase *Begonia masoniana*.

Begonia "Rex"
ing. Rex Begonia
Véase *Begonia rex*.

Belladiana
ing. Tickseed
Véase *Coreopsis tinctoria*.

Bergamota silvestre
ing. Bee Balm, Oswego Tea, Sweet Bergamot
Véase *Monarda didyma*.

Bistorta
cat. Bistorta; gal. Bistorta; eusk. Bistorta; fr. Bistorte; ing. Bistort, Snakeweed; al. Wiesen-Knöterich
Véase *Persicaria bistorta "Superba"*.

Boca de dragón
ing. Snapdragon
Véase *Antirrhinum majus*.

Boj
cat. Boix; gal. Buxo; eusk. Ezpel; fr. Buis; ing. Common Box; al. Buchsbaum
Véase *Buxus sempervirens*.

Bola de nieve
ing. Snowberry
Véase *Symphoricarpos*.

Borraja
cat. Borraina; gal. Borragen; eusk. Borrai; fr. Bourrache; ing. Borage; al. Borretsch
Véase *Borago officinalis*.

Brezo
cat. Bruc; gal. Urze; eusk. Iñarr; fr. Bruyère; ing. Heather; al. Heidekraut
Véase *Calluna vulgaris y Erica*.

Butomo
ing. Flowering Rush, Water Gladiolus
Véase *Butomus umbellatus*.

Cálamo aromático
cat. Càlam; fr. Acore vrai; it. Calamo aromatico; ing. Variegated Sweet Flag; al. Kalmus
Véase *Acorus calamus "Argenteostriatus"*

Calceolaria
ing. Puch Flower, Slipper Flower
Véase *Calceolaria x herbeohybrida; C. integrifolia*.

Campana china
ing. Balloon Flower
Véase *Platycodon grandiflorus*.

Campanas de coral
ing. Coral flower
Véase *Heuchera sanguinea*.

Campanillas de invierno
ing. Common Snowdrop
Véase *Galanthus nivalis*.

Campanillas de Irlanda
ing. Bells of Ireland
Véase *Molucella laevis*.

Campanita china
ing. Golden Bells
Véase *Forsythia*.

Capuchina
cat. Caputxina; gal. Chagas; fr. Capucine; ing. Nasturium; al. Grosse Kapuzinerkresse
Véase *Tropaeolum majus*.

Capulí
ing. Apple of Peru, Shoo Fly Plant
Véase *Nicandra physalodes*.

Cardo borriquero
ing. Cotton Thistle, Scotch Thistle
Véase *Onopordum acanthium*.

Carióptera
ing. Bluebeard
Véase *Caryopteris x clandonensis*.

Carraspique
ing. Candytuft
Véase *Iberis umbellata*.

Carrasquilla azul
ing. Gromwell
Véase *Lithodora diffusa*.

Catalpa
it. Catalpa; ing. Indian Bean Tree
Véase *Catalpa bignonioides*.

Ceanoto americano
ing. Californian Lilac
Véase *Ceanothus*.

Cebollino
ing. Ornamental Onions
Véase *Allium*.

Cebollino
fr. Ciboulette; ing. Chives
Véase *Allium schoenoprasum*.

Cedro
ing. Cedar
Véase *Cedrus*.

Cedro de incienso
ing. Incense Cedar
Véase *Calocedrus decurrens*.

Cedro japonés
ing. Japanese Cedar
Véase *Cryptomeria japonica*.

Celastro
ing. Climbing Bittersweet, Oriental Bittersweet, Staff Vine
Véase *Celastrus orbiculatus*.

Celinda
ing. Mock Orange
Véase *Philadelphus*.

Celosía
ing. Prince of Wales Feather
Véase *Celosia argentea* var. *Plumosa*.

Cenante
ing. Never Never Plant
Véase *Ctenanthe oppenheimiana 'Tricolor'*.

Centella de agua
ing. Kingcup, Marsh Marigold
Véase *Caltha*.

Centranto
cat. Centrant; gal. Alfinetes; fr. Centranthe; ing. Valerian
Véase *Centranthus ruber*.

Cerastio
ing. Snow-in-summer
Véase *Cerastium tomentosum*.

Cerezo
cat. Cirerer; gal. Cerejeira; eusk. Kerizondo; fr. Cerisier; ing. Cherries
Véase *Prunus*.

Cerezo de racimo
ing. Bird Cherry
Véase *Prunus padus*.

Cerezo japonés
ing. Japanese Cherries
Véase *Prunus*.

Cestillo de oro
ing. Gold Dust
Véase *Aurinia saxatilis*.

Cheflera
ing. Parasol Plant
Véase *Schefflera arboricola*.

C ÍNDICE DE NOMBRES COMUNES E

Cilantro
ing. Coriander
Véase *Coriandrum sativum.*

Cincoenrama
cat. Cinc en rama; gal. Cinco en rama; eusk. Bostorri; fr. Quintefeville; ing. Shrubby Cinquefoil
Véase *Potentilla fructicosa.*

Cineraria
ing. Florist's Cineraria
Véase *Pericallis x hybrida.*

Cinta
ing. Spider Plant
Véase *Chlorophytum comosum.*

Ciprés
cat. Xiperer; eusk. Gau arbola; gal. Cipreste; fr. Cyprès; ing. Cypress; al. Zypresse
Véase *Chamaecyparis.*

Ciprés de los pantanos
ing. Bald Cypress, Swamp Cypress
Véase *Taxodium distichum.*

Ciruelo
cat. Pruner; fr. Prunier; ing. Plum; al. Pflaumenbaum
Véase *Prunus.*

Ciruelo damasceno
ing. Damsons
Véase *Prunus.*

Ciruelo rojo
ing. Cherry Plum
Véase *Prunus cerasifera.*

Ciso
ing. Begonia Vine
Véase *Cissus discolor.*

Clarkia
ing. Clarkia
Véase *Clarkia elegans* y *Clarkia pulchella.*

Clavel
ing. Sweet William
Véase *Dianthus barbatus.*

Clavel chino
ing. Indian Pink
Véase *Dianthus chinensis.*

Clavel de Indias
ing. Signet Marigold
Véase *Tagetes tenuifolia.*

Clavel de moro
ing. African Marigold
Véase *Tagetes erecta.*

Clematis
ing. Clematis
Véase *Clematis.*

Cleome
ing. Spider Flower
Véase *Cleome spinosa.*

Cola de rata
ing. Rat's-tail Cactus
Véase *Aporocactus flagelliformis.*

Cóleo
ing. Coleus, Flame Nettle, Painted Nettle
Véase *Solenostemon scutellarioides.*

Copos de nieve
ing. Snowflake
Véase *Leucojum.*

Cornejo
ing. Red-barked Dogwood
Véase *Cornus alba.*

Cornejo de Canadá
ing. Dwarf Cornel
Véase *Cornus canadensis.*

Cornejo florido
ing. Flowering Dogwood
Véase *Cornus florida* y *Cornus kousa.*

Cornejo macho
ing. Cornelian Cherry
Véase *Cornus mas.*

Cornejo sedoso
ing. Dogwood
Véase *Cornus sericea.*

Cosmos
ing. Cosmea, Mexican Aster
Véase *Cosmos bipinnatus.*

Costilla de Adán
ing. Swiss Cheese Plant
Véase *Monstera deliciosa.*

Cresta de gallo
ing. Cockscomb
Véase *Celosia argentea* var. *cristata.*

Crisantemo
ing. Annual Chrysanthemum, Tricoloured Chrysanthemum
Véase *Chrysanthemum carinatum.*

Cruz de Malta
ing. Jerusalem Cross, Maltese Cross
Véase *Lychnis chalcedonica* y *Lychnis viscaria.*

Dedalera
ing. Foxglove
Véase *Digitalis purpurea.*

Díctamo
cat. Dictam; fr. Dictame blanc; ing. Burning Bush, Summer Cypress; al. Weisser Diptam
Véase *Bassia scoparia* f. *trichophylla* y *Dictamus albus.*

Difembaquia
ing. Dumb Cane
Véase *Dieffenbachia.*

Dondiego de noche
ing. Marvel of Peru
Véase *Mirabilis jalapa.*

Dragonaria
ing. Snapdragon
Véase *Antirrhinum majus.*

Eléboro
ing. Lenten Rose
Véase *Helleborus orientalis.*

Endrino
cat. Aranyó; gal. Abrunheiro bravo; eusk. Aran; fr. Épine noire; ing. Sloe, Blackthorn; al. Schlechdorn
Véase *Prunus spinosa.*

Eneldo
cat. Anet; gal. Endro; eusk. Esamillo; fr. Aneth; ing. Dill; al. Dill
Véase *Anethum graveolens.*

Equinácea purpúrea
cat. Equinàcea; fr. Échinacée; ing. Purple Cone Flower; al. Kegelblume
Véase *Echinacea purpurea.*

Erantis
ing. Winter Aconite
Véase *Eranthis hyemalis.*

Escabiosa
cat. Vídues bordes; gal. Escabiosa; eusk. Atze bedarr; ing. Sweet scabious
Véase *Scabiosa atropurpurea.*

Espina de Cristo
ing. Crown of Thorns
Véase *Euphorbia milii.*

Espino de fuego
ing. Firethorn
Véase *Pyracantha.*

Espirea
ing. Bridal Wreath, Foam of May
Véase *Spiraea Arguta.*

E — **ÍNDICE DE NOMBRES COMUNES** — H

Espliego
cat. Espígol; gal. Alfazema; eusk. Espika; fr. Lavande aspic; ing. Dutch Lavender
Véase *Lavandula vera*.

Espuela de caballero
ing. Larkspur
Véase *Consolida ajacis*.

Estragón
cat. Estragó; fr. Estragon; ing. Tarragon
Véase *Artemisia dracunculus* 'Sativa' y *Artemisia dracunculus*.

Eucalipto de nieve
ing. Cabbage Gum
Véase *Eucalyptus pauciflora*.

Evónimo
cat. Evónim; gal. Barrete de padre; eusk. Arbol mada rikatu; fr. Fusain; it. Evonimo; ing. Common Spindle Tree; al. Pfaffenhütchen
Véase *Euonymus europaeus*.

Falsa palmera
ing. Adam's Needle
Véase *Yucca filamentosa*.

Ficus de caja de violín
ing. Fiddle-back Fig
Véase *Ficus lyrata*.

Ficus trepador
ing. Creeping Fig
Véase *Ficus pumila*.

Filodendro
ing. Sweetheart Plant
Véase *Philodendron scandens*.

Fisostegia
ing. Obedient Plant
Véase *Physostegia virginiana*.

Flor de globo
ing. Bachelor's Buttons
Véase *Kerria japonica 'Pleniflora'*.

Flor de invierno
ing. Meadow Phlox, Wild Sweet William
Véase *Phlox maculata*.

Flor de la viuda
ing. Blue Lace Flower, Queen Anne's Lace
Véase *Trachelium caeruleum*.

Flor de lis
ing. St Bernard's Lily
Véase *Anthericum liliago*.

Flor de Pascua
ing. Poinsettia
Véase *Euphorbia pulcherrima*.

Flox
ing. Annual Phlox
Véase *Phlox drummondii* y *Phlox paniculata*.

Flox manchada
ing. Meadow Phlox, Wild Sweet William
Véase *Phlox maculata*.

Flox musgosa
ing. Moss Phlox, Moss Pink
Véase *Phlox subulata*.

Gallardía
ing. Blanket Flower
Véase *Gaillardia aristata* y *Gaillardia pulchella*.

Gayomba
ing. Spanish Broom
Véase *Spartium junceum*.

Gerbera
ing. Barberton Daisy, Transvaal Daisy
Véase *Gerbera jamesonii*.

Girasol
cat. Gira-sol; gal. Girassol; eusk. Akhilili; fr. Tournesol; it. Girasole; ing. Sunflower; al. Gewöhmliche Sonneblume
Véase *Helianthus annuus*.

Gitago
ing. Corn Cockle, Purple Cockle
Véase *Agrostemma githago 'Milas'*.

Gliceria máxima
ing. Variegated Reed Sweetgrass
Véase *Glyceria maxima* var. *variegata*.

Glicina del Japón
ing. Japanese Wisteria
Véase *Wisteria floribunda*.

Gloxinia
ing. Aaron's Rod, Common Mullein
Véase *Verbascum densiflorum* y *Verbascum thapsus*.

Gordolobo
cat. Cua de guilla; gal. Verbasco; eusk. Ostaza; fr. Buillon blanc; it. Barabasso; ing. Large-flowered Mullein; al. Grossblumige Königskerze
Véase *Verbascum densiflorum* y *Verbascum thapsus*.

Grosellero
ing. Flowering Currant
Véase *Ribes*.

Guillomo
ing. June Berry; Snowy Mespilus
Véase *Amelanchier lamarckii*.

Guisante de olor
ing. Sweet Pea
Véase *Lathyrus odoratus*.

Haya
cat. Faig; gal. Faia; eusk. Pago; fr. Hêtre; it. Faggio; ing. Beech; al. Buche
Véase *Fagus sylvatica*.

Helecho real
ing. Flowering Fern, Royal Fern
Véase *Osmunda regalis*.

Helenio
ing. Sneezewort
Véase *Helenium autumnale*.

Heliotropo
cat. Heliotropi; fr. Héliotrope; ing. Cherry Pie, Heliotrope
Véase *Heliotropium arborescens*.

Hibisco
cat. Hibisc; fr. Ketmie odorante; ing. Flower-of-an-hour; al. Bisornkorner, Ambrakorner
Véase *Hibiscus trionum*.

Hiedra canaria 'Gloria de Marengo'
ing. Variegated Canary Island Ivy
Véase *Hedera canariensis* 'Glorie de Marengo'.

Hiedra de la uva
ing. Grape Ivy
Véase *Cissus rhombifolia*.

Hiedra de Persia
ing. Variegated Persian Ivy
Véase *Hedera colchica* 'Dentata Variegata'.

Hiedra del Cabo
ing. Cape Ivy, Wax Ivy
Véase *Senecio macroglossus* 'Variegatus'.

Hiedra terrestre
cat. Heura de terra; gal. Hera terrestre; eusk. Amuntz; fr. Lierre terrestre; ing. Variegated Ground Ivy; al. Grundelrebe
Véase *Glechoma hederacea* 'Variegata'.

Hierba Cupido
ing. Cupid's Dart
Véase *Catananche caerulea*.

Hierba de la moneda
ing. Creeping Jenny, Moneywort
Véase *Lysimachia nummularia*.

Hierba de los gotosos
ing. Variegated Gout Weed, Variegated Ground Elder
Véase *Aegopodium podagraria* 'Variegatum'.

H ÍNDICE DE NOMBRES COMUNES L

Hierba de San Agustín
ing. Variegated Buffalo Grass
Véase *Stenotaphrum secundatum* 'Variegatum' y *Stenotaphrum secundatum.*

Hierba de San Pelegrín
ing. Lamb's Ears, Lamb's Tongue
Véase *Stachys byzantina.*

Hierba doncella
ing. Greater Periwinkle
Véase *Vinca major.*

Higuera del caucho
ing. Rubber Plant
Véase *Ficus elastica.*

Hinojo
cat. Fonoll; gal. Funcho; eusk. Mieloi; fr. Fenouil; it. Finocchio; ing. Fennel; al. Gemeiner Fenchel
Véase *Foeniculum vulgare.*

Hipérico
cat. Pericó; gal. Hipericão; eusk. Ostoargal; fr. Millepertuis; it. Iperico; ing. Rose of Sharon, St John's Wort; al. Johanniskraut
Véase *Hypericum 'Hidcote'.*

Hisopillo
ing. Winter Savory
Véase *Satureja montana.*

Hisopo
cat. Hisop; gal. Hissopo; eusk. Urdingorri; fr. Hysope; ing. Hyssop; al. Ysop
Véase *Hyssopus officinalis.*

Hortensia
ing. Common Hydrangea; French Hydrangea
Véase *Hydrangea macrophylla.*

Hortensia arborescente
ing. Hills of Snow
Véase *Hydrangea arborescens.*

Hortensia trepadora
ing. Japanese Climbing Hydrangea
Véase *Hydrangea anomala* subesp. *petiolaris.*

Incienso
cat. Encens; fr. Encens; ing. Swedish Ivy; al. Olibanum
Véase *Plectranthus coleoides* 'Marginatus'.

Ipheion
ing. Spring Starflower
Véase *Ipheion uniflorum.*

Jacinto
ing. Bluebell, Spanish Bluebell
Véase *Hyacinthoides hispanica.*

Jazmín blanco
ing. Common White Jasmine; Poet's Jessamine
Véase *Jasminum officinale.*

Jazmín chino
ing. Pink Jasmine
Véase *Jasminum polyanthum.*

Jazmín común
ing. Common White Jasmine, Poet's Jessamine
Véase *Jasminum officinale.*

Jazmín de invierno
ing. Primrose Jasmine
Véase *Jasminum mesnyi.*

Jazmín de la selva
ing. Jasmine Nightshade
Véase *Solanum laxum.*

Juliana
ing. Sweet Rocket
Véase *Hesperis matronalis.*

Junco florido
ing. Flowering Rush, Water Gladiolus
Véase *Butomus umbellatus.*

Kolkwitzia
ing. Beauty Bush
Véase *Kolkwitzia amabilis.*

Lágrimas de David
ing. David's Harp, Solomon's Seal
Véase *Polygonatum* x *hybridum.*

Laurel
cat. Llorer; gal. Loureiro; eusk. Ereñotz; fr. Laurier noble; ing. Bay, Bay Laurel, Sweet Bay; al. Lorbeerbaum
Véase *Laurus nobilis.*

Laurel americano
ing. Calico Bush, Mountain Laurel
Véase *Kalmia latifolia.*

Laurel cerezo
ing. Cherry Laurel, Common Laurel
Véase *Prunus laurocerasus.*

Laurel de montaña
ing. Calico Bush, Mountain Laurel
Véase *Kalmia latifolia.*

Laurel manchado
ing. Spotted Laurel
Véase *Aucuba japonica.*

Lauro
cat. Llorer reial; gal. Loureiro real; fr. Laurier cérise; ing. Cherry Laurel, Common Laurel; al. Kirsch-Lorbeerbaum
Véase *Prunus laurocerasus.*

Lavanda
cat. Lavanda; fr. Lavande vraie; ing. Lavender; al. Echter Lavendel
Véase *Lavandula angustifolia.*

Lavatera
ing. Annual Mallow
Véase *Lavatera trimestris.*

Lengua de tigre
ing. Mother-in-law's Tongue
Véase *Sansevieria trifasciata.*

Lila de California
ing. Blue Blossom, Californian Lilac
Véase *Ceanothus thyrsiflorus.*

Lilo
cat. Lilà; fr. Lilas; ing. Common Lilac
Véase *Syringa vulgaris.*

Limpiatubos llorón
ing. Bottle Bush
Véase *Callistemon.*

Linaria
cat. Linària; fr. Linaire vulgare; ing. Toadflax; al. Gemeines Leinkraut
Véase *Linaria maroccana.*

Lino
ing. Flax
Véase *Linum grandiflorum*

Lino
cat. Lli; gal. Linho; eusk. Lino; fr. Lin usuel; ing. Common Flax; al. Flachs
Véase *Linum usitatissimum.*

Lino de Nueva Zelanda
ing. New Zealand Flax, New Zealand Hemp
Véase *Phormium tenax.*

Lino perenne
ing. Perennial Flax
Véase *Linum perenne.*

Lino rojo
ing. Scarlet Flax
Véase *Linum grandiflorum 'Rubrum'.*

Lirio
cat. Lliri; gal. Lírio; eusk. Lirio; ing. Lily
Véase *Lilium.*

L ÍNDICE DE NOMBRES COMUNES M

Lirio amarillo
cat. Lliri acuàtic; fr. Flambe d'eau; ing. Yellow Flag Iris
Véase *Iris pseudacorus.*

Lirio azul
ing. Purple Flag Iris
Véase *Iris germanica.*

Lirio blanco
ing. Florentine Iris, Orris Root
Véase *Iris* 'Florentina'.

Lirio cárdeno
ing. Siberian Iris
Véase *Iris sibirica.*

Lirio de Florencia
cat. Lliri de Florència; gal. Lírio; eusk. Lirio; fr. Iris de Florence; it. Iride fiorentina; ing. Florentine Iris, Orris Root; al. Florentinische Schwertlilie
Véase *Iris* 'Florentina'.

Lirio de agua
ing. Aurum Lily, Calla Lily
Véase *Zantedeschia aethiopica* 'Crowborough'.

Lirio de la mañana
ing. Day Lily
Véase *Hemerocallis.*

Lirio fétido
ing. Gladwyn, Stinking Iris
Véase *Iiris foetidissima.*

Lisimaquia
cat. Lisimàquia; gal. Lisimáquia; fr. Lysimaque vulgare; ing. Loosestrife
Véase *Lysimachia.*

Lobelia
cat. Lobèlia; fr. Lobélie enflée; it. Lobelia; ing. Edging Lobelia, Trailing Lobelia; al. Lobelienkraut
Véase *Lobelia erinus.*

Lobularia
ing. Sweet Alyssum
Véase *Lobularia maritima.*

Loro
ing. Portugal Laurel
Véase *Prunus lusitanica.*

Lupino
ing. Tree Lupin
Véase *Lupinus arboreus.*

Lúpulo
cat. Llúpol; gal. Lúpulo; fr. Houblon; it. Luppolo; ing. Golden-leaved Hop, Yellow European Hop; al. Hopfen
Véase *Humulus lupulus 'Aureus'.*

Madreselva
cat. Xuclamel; fr. Chrèvrefeuille des jardins; it. Caprifoglio; ing. Goat-leaf Honeysuckle
Véase *Lonicera caprifolium.*

Madreselva
ing. Japanese Honeysuckle
Véase *Lonicera japonica.*

Madreselva
ing. Chinese Honeysuckle
Véase *Lonicera nitida.*

Madreselva
ing. Early Dutch Honeysuckle
Véase *Lonicera periclymenum 'Belgica'.*

Madreselva de los bosques
ing. Late Dutch Honeysuckle
Véase *Lonicera periclymenum* 'Serotina'.

Malva de los judíos
ing. Jew's Mallow
Véase *Kerria japonica.*

Malvaloca
cat. Malva reial; gal. Malva da india; fr. Rose trémière; ing. Hollyhock; al. Stockmalve
Véase *Alcea rosea.*

Manzano
cat. Pomer; gal. Maceira; eusk. Sagarrondo; fr. Pommier; ing. Apple Tree
Véase *Malus.*

Maravilla
ing. Pot Marigold
Véase *Calendula officinalis.*

Maravilla de río
ing. Brandy Bottle, Yellow Water Lily
Véase *Nuphar lutea.*

Margarita
cat. Margarida; gal. Margarida; eusk. Ostaiska; fr. Pâquerette vivace; ing. Common Daisy; al. Gänseblümchen
Véase *Bellis perennis.*

Margarita africana
ing. Barberton Daisy, Transvaal Daisy
Véase *Gerbera jamesonii.*

Margarita blanca de verano
ing. Shasta Daisy
Véase *Leucanthemum maximum.*

Margarita de colores
ing. Annual Chrysanthemum, Tricoloured Chrysanthemum
Véase *Chrysanthemum carinatum.*

Margarita 'Kingfisher'
ing. Kingfisher Daisy
Véase *Felicia bergeriana.*

Margarita plateada
ing. Silver Lace
Véase *Tanacetum ptarmiciflorum.*

Matalobos
ing. Monkshood
Véase *Aconitum.*

Matico
cat. Matico; gal. Matico; eusk. Matico; fr. Matico; it. Matico; ing. Orange-ball Tree
Véase *Buddleja globosa.*

Mejorana
cat. Marduix; gal. Manjerona; eusk. Mayorana; fr. Marjolaine cultivée; ing. Knotted Marjoram; al. Gartenmajoram
Véase *Origanum majorana.*

Melisa
cat. Tarongina; gal. Cidreira; eusk. Garraiska; fr. Mélisse; ing. Balm; al. Melisse
Véase *Melissa officinalis.*

Melocotonero
cat. Presseguer; fr. Pêcher; ing. Peach Tree; al. Pfirsichbaum
Véase *Prunus, Melocotonero.*

Membrillero del Japón
cat. Menta; gal. Hortelãa; fr. Menthe; it. Menta; ing. Mint; al. Pfeffer-Minze
Véase *Chaenomeles.*

Menta
ing. Cydonia, Japanese Quince, Japonica
Véase *Mentha.*

Menta de gato
ing. Catmint
Véase *Nepeta* x *faassenii.*

Milenrama
ing. Yarrow
Véase *Achillea.*

Mímulo
ing. Monkey Flower
Véase *Mimulus.*

Miramelindo
ing. Balsam, Touch-me-not
Véase *Impatiens balsamina.*

M ÍNDICE DE NOMBRES COMUNES P

Moco de pavo
ing. Love-lies-bleeding
Véase *Amaranthus caudatus.*

Monarda
ing. Bee Balm, Oswego Tea, Sweet Bergamot
Véase *Monarda didyma.*

Moneda del Papa
ing. Honesty
Véase *Lunaria annua.*

Monetaria
ing. Creeping Jenny, Moneywort
Véase *Lysimachia nummularia.*

Muguete
ing. Lily-of-the-Valley
Véase *Convallaria majalis.*

Nafalión
ing. Licorice Plant
Véase *Helichrysum petiolare.*

Nana
ing. French Marigold
Véase *Tagetes patula.*

Narciso
cat. Narcís de muntanya, gal. Narciso trombeta; eusk. Txutxupraka; fr. Narcisse trompette; ing. Daffodil
Véase *Narcissus.*

Nebulosa
ing. Baby's Breath
Véase *Gypsophila elegans* y *Gypsophila paniculata.*

Nectarino
ing. Nectarine
Véase *Prunus.*

Neguilla
ing. Corn Cockle, Purple Cockle
Véase *Agrostemma githago 'Milas'.*

Nenúfar amarillo
ing. Brandy Bottle, Yellow Water Lily
Véase *Nuphar lutea.*

Nido de ave
ing. Hen-and-chicken Fern, Mother Fern
Véase *Asplenium bulbiferum.*

Nieve de verano
ing. Snow-in-summer
Véase *Cerastium tomentosum.*

Ninfea
ing. Waterlilies
Véase *Nymphaea.*

Nogal de las brujas
ing. Witch Hazel
Véase *Hamamelis.*

No-me-olvides
ing. Forget-me-not
Véase *Myosotis sylvatica.*

Ojo de poeta
ing. Tickseed
Véase *Coreopsis tinctoria.*

Ojos azules
ing. Baby Blue Eyes
Véase *Nemophila menziesii.*

Onagra
fr. Onagre bisanuelle; ing. Common Evening Primrose, German Rampion; al. Feld-Ulme
Véase *Oenothera biennis.*

Orégano
cat. Orenga; gal. Oregâo; eusk. Aitz bedarr; fr. Origan; ing. Knotted Marjoram, Sweet Marjoram; al. Dost
Véase *Origanum majorana.*

Oreja de liebre
ing. Lamb's Ears, Lamb's Tongue
Véase *Stachys byzantina.*

Palmito elevado
ing. Chinese Windmill Palm, Chusan Palm
Véase *Trachycarpus fortunei.*

Parra ornamental
ing. Crimson Glory Vine, Japanese Crimson Glory Vine
Véase *Vitis coignetiae.*

Parra virgen
ing. Boston Ivy
Véase *Parthenocissus tricuspidata.*

Pasiflora
cat. Passiflora; fr. Passiflore rouge; it. Passiflora rossa; ing. Passion Flower; al. Passionsblume
Véase *Passiflora.*

Patos
ing. Arum Lily, Calla Lily
Véase *Zantedeschia aethiopica.*

Pehuén
ing. Chile Pine, Monkey Puzzle
Véase *Araucaria araucana*

Pendientes de la reina
ing. Lady's Eardrops
Véase *Fuchsia magellanica.*

Pensamiento
ing. Pansy
Véase *Viola x wittrockiana.*

Perejil
cat. Julivert; gal. Prixel; eusk. Perresil; fr. Persil; ing. Parsley; al. Petersilie
Véase *Petroselinum crispum.*

Perifollo
cat. Cerfull; gal. Cerefólio; eusk. Perraitz; fr. Cerfeuil; ing. Chervil
Véase *Anthriscus cerefolium.*

Perifollo oloroso
ing. Sweet Cicely
Véase *Myrrhis odorata.*

Pino
cat. Pi; gal. Pinheiro; eusk. Lerr; fr. Pin; it. Pino; ing. Pine; al. Gemeine Kiefer
Véase *Pinus.*

Planta de la mariposa
ing. Butterfly Flower, Poor Man's Orchid
Véase *Schizanthus pinnatus.*

Plumero
ing. Pampas Grass
Véase *Cortaderia selloana.*

Poinsetia
ing. Poinsettia
Véase *Euphorbia pulcherrima.*

Pontederia
ing. Pickerel Plant
Véase *Pontederia cordata.*

Potentilla
ing. Shrubby Cinquefoil
Véase *Potentilla fructicosa.*

Poto
ing. Devil's ivy
Véase *Epipremnum aureum.*

Primavera
ing. Giant Cowslip
Véase *Primula florindae.*

Primavera
cat. Primavera; gal. Primavera; eusk. Ostorika; fr. Primevère; ing. Primrose; al. Schlüsselblume
Véase *Primula vulgaris.*

Prímula
ing. Fairy Primrose
Véase *Primula malacoides.*

P — ÍNDICE DE NOMBRES COMUNES — Z

Pulmonaria
cat. Pulmonària; gal. Pulmonária; eusk. Biribedarr; fr. Grande pulmonaire; it. Pulmonaria; ing. Blue Lungwort, Jerusalem Cowslip; al. Echtes Lungenkraut
Véase *Pulmonaria officinalis.*

Pulmonaria manchada
ing. Blue Lungwort, Jerusalem Cowslip
Véase *Pulmonaria officinalis.*

Rábano picante
ing. Horseradish
Véase *Armoracia rusticana.*

Retama de olor
cat. Ginesta; gal. Giesteira; eusk. Gai on bat; fr. Genêt d'Espagne; ing. Spanish Broom
Véase *Spartium junceum.*

Retama negra
cat. Ginesta d'escombres; gal. Giesta; eusk. Isats; fr. Genêt à balai; it. Ginestra; ing. Broom; al. Besenginster
Véase *Cytisus* y *Genista.*

Romero
cat. Romaní; gal. Rosmarinho; eusk. Erromero; fr. Romarin; it. Rosmarino; ing. Rosemary; al. Rosmarin
Véase *Rosmarinus officinalis.*

Rosa de Navidad
ing. Christmas Rose
Véase *Helleborus niger.*

Rosa de Siria
ing. Shrubby Mallow
Véase *Hibiscus syriacus.*

Ruda
cat. Ruda; gal. Arruda; eusk. Moskatxa; fr. Rue officinale; it. Ruta; ing. Black-eyed Susan, Coneflower; al. Gartenraute
Véase *Rudbeckia hirta* y *Thunbergia alata.*

Salicaria
cat. Salicària; gal. Salgueirinha; fr. Salicaire; it. Salicaria; fr. Salicaire; ing. Purple Loosestrife; al. Blut-Weiderich
Véase *Lythrum salicaria.*

Salvia
cat. Sálvia; gal. Salva; eusk. Sobe; fr. Sauge, it. Salvia; ing. Sage; al. Salbei
Véase *Salvia officinalis.*

Salvia roja
ing. Scarlet Sage
Véase *Salvia splendens.*

Salvia romana
cat. Sàlvia romana; gal. Esclarea; eusk. Andiurrin; fr. Sauge sclarée; ing. Clary
Véase *Salvia sclarea.*

Saúco
cat. Saüc; gal. Sambugueiro; eusk. Sauko; fr. Sureau; it. Sambuco; ing. Elder; al. Holunder
Véase *Sambucus.*

Saxífraga
ing. Mother of Thousands, Strawberry Geranium
Véase *Saxifraga stolonifera.*

Sello de Salomón
cat. Segell de Salomó; fr. Sceau de Salomon; ing. David's Harp, Solomon's Seal; al. Weisswurz
Véase *Polygonatum* x *hybridum.*

Senecio
ing. Wax Ivy
Véase *Senecio macroglossus.*

Siempreviva
ing. Houseleek
Véase *Sempervivum.*

Siempreviva olorosa
ing. Curry Plant, White-leaf Everlasting
Véase *Helichrysum italicum.*

Taginaste
ing. Viper's Bugloss
Véase *Echium plantagineum.*

Talictro
ing. Meadow Rue
Véase *Thalictrum aquilegiifolium.*

Tamarindo
cat. Tamarinde; gal. Tamarinheiro; fr. Tamarin; it. Tamarindo; ing. Tamarisk; al. Tamarinden
Véase *Tamarix.*

Tanaceto
cat. Tanacet; gal. Tanasia; eusk. Mota belarr; fr. Tanaisie; it. Tanaceto; ing. Tansy; al. Rainfarn
Véase *Tanacetum vulgare.*

Tejo
ing. Yew
Véase *Taxus baccata.*

Tojo
ing. Gorse
Véase *Ulex europaeus.*

Tolmiea
ing. Pick-a-back Plant, Youth-on-age
Véase *Tolmiea menziesii.*

Tomillo
cat. Farigola; gal. Tomilho; eusk. Elharr; fr. Thym; it. Timo volgare; ing. Summer Savory; al. Thymian
Véase *Satureja hortensis* y *Thymus.*

Torongil
ing. Southernwood
Véase *Artemisia abrotanum.*

Tulipán
ing. Tulip
Véase *Tulipa.*

Tulipífero de Virginia
ing. Tulip Tree
Véase *Liriodendron tulipifera.*

Tuya gigante
ing. Western Red Cedar
Véase *Thuja plicata.*

Valeriana roja
ing. Valerian
Véase *Centranthus ruber.*

Verbasco
ing. Woolly Mullein
Véase *Verbascum phlomoides.*

Verdulaga de flor
ing. Sun Plant
Véase *Portulaca grandiflora.*

Vid
cat. Vinya; gal. Vide; eusk. Mats; fr. Vigne; ing. Grape Vine; al. Weinrebe
Véase *Vitis vinifera.*

Vid canguro
ing. Kangaroo Vine
Véase *Cissus antarctica.*

Viña ornamental
ing. Crimson Glory Vine
Véase *Vitis coignetiae.*

Violeta africana
ing. African Violet
Véase *Saintpaulia ionantha.*

Violeta de asno
ing. Lesser Periwinkle
Véase *Vinca minor.*

Zarza
ing. Ornamental Brambles
Véase *Rubus.*

Zumaque
cat. Sumac; gal. Sumagre; eusk. Zumake; fr. Sumac odorant; ing. Stag's Horn Sumach
Véase *Rhus typhina.*

Cómo reproducir plantas

Las plantas se clasifican según sus nombres científicos (véase el índice de nombres comunes en págs. 42-50). Sin embargo, algunas entradas engloban un grupo de plantas relacionadas entre sí, por ejemplo, los bambúes. Después de cada nombre se da una breve descripción del tipo de planta y de sus hábitos de crecimiento. La lista no es completa, pero se incluyen las plantas más populares. Cuando en una entrada no se especifican detalles, deben seguirse los consejos generales que se proporcionan en la sección correspondiente a cada método (véanse páginas 8-41).

A — ÍNDICE DE NOMBRES CIENTÍFICOS — A

Abelia Arbustos de hoja semiperenne o caduca. A mediados de verano, tome un esqueje de madera semidura de 7,5 cm de longitud y plántelo en una maceta, con calor suave o en una cajonera fría.

Abies (Abeto) Coníferas resistentes de hoja perenne. A finales de invierno, siembre las semillas en macetas, en una cajonera fría.

Abutilon Arbustos y árboles pequeños de hoja perenne. La mayoría de especies se pueden obtener a partir de esquejes de madera semidura de 7,5 cm de longitud tomados de brotes laterales, en verano, y plantados en calor suave.

Abutilon vitifolium se cultiva mejor a partir de semillas, sembradas en tiempo caluroso, a mediados o finales de primavera, y colocadas en un invernadero caldeado. Otras variedades (excepto las formas variegadas y catalogadas) también se obtienen a partir de semillas.

Acacia Árboles y arbustos delicados, de hoja caduca y perenne. A mediados de verano, tome esquejes de madera semidura de *A. paradoxa* (sin. *A. armata*) y de *A. longifolia*, de 5-10 cm de longitud, preferiblemente con un talón. Póngalos bajo calor suave. Para otras especies, siembre semillas a mediados de primavera y colóquelas bajo calor suave en un invernadero.

Acaena Herbácea perennifolia resistente. En otoño o en primavera, extraiga y divida las plantas congestionadas. Como método alternativo, a finales de invierno, siembre semillas en macetas, dentro de cajoneras frías.

Acanthus mollis (Acanto) Herbácea perennifolia. En otoño o en primavera, extraiga y divida las plantas congestionadas. En primavera, siembre semillas en cajoneras frías.

Acanthus spinosus (Acanto) Herbácea perennifolia resistente. En otoño o en primavera, extraiga y divida las plantas congestionadas. Como alternativa, en primavera, siembre semillas en cajoneras frías.

Acer

Acer (Arce) Árboles y arbustos de hoja caduca. A principios o a mediados de otoño, siembre las semillas en bandejas y póngalas en una cajonera fría. Las formas catalogadas deben injertarse a mediados de primavera.

Achillea (Milenrama) Herbácea perennifolia resistente. En otoño o en primavera, extraiga y divida las plantas congestionadas. Como método alternativo, en primavera, siembre semillas en macetas, en cajoneras frías.

Achimenes Perennes de hoja caduca de invernadero. A principios de primavera, separe y replante los tubérculos jóvenes procedentes de las plantas secas.

Acidanthera bicolor Véase *Gladiolus*.

Aconitum (Acónito) Herbácea perennifolia resistente. En otoño o en primavera, extraiga y divida las plantas congestionadas. Como método alternativo, en primavera, siembre semillas en macetas, en cajoneras frías.

***Acorus calamus* 'Argenteostriatus'** (Cálamo aromático) Perenne resistente de hoja perenne. En primavera, extraiga y divida las matas congestionadas.

Actinidia Arbusto trepador resistente de hoja caduca, sarmentoso. A mediados o a finales de verano, tome esquejes de madera semidura de 7,5-10 cm de longitud y colóquelos bajo calor suave. Como método alternativo, a mediados de otoño, siembre las semillas en bandejas y colóquelas en una cajonera fría.

Adiantum Helechos delicados y resistentes. En primavera, extraiga y divida las plantas congestionadas. Como método alternativo, siembre esporas a principios de primavera (véase Glosario).

Adonis aestivalis (Adonis de verano) Anual resistente. Siémbrela a 6 mm de profundidad.

Aechmea (Aecmea) Terrestre de hoja perenne o planta de interior o epifita de invernadero. Con una navaja afilada, corte tallos laterales de 10-13 cm de longitud, cercanos a la base de la planta. Deje que las superficies cortadas se sequen durante un día y, después, introdúzcalas en una mezcla a partes iguales de turba húmeda y arena. Colóquelas bajo calor suave. A veces, es necesario sujetar las plantas con finas estacas.

***Aegopodium podagraria* 'Variegatum'** (Hierba de los gotosos) Perenne, de raíces rizomatosas. En primavera, extraiga y divida las plantas congestionadas.

A ÍNDICE DE NOMBRES CIENTÍFICOS A

Aethionema Perenne resistente de hoja perenne. A mediados de primavera, siembre las semillas en macetas y colóquelas bajo calor suave.

***Aethionema* 'Warley Rose'** Perenne resistente de hoja perenne. A principios o mediados de verano, tome esquejes de madera blanda de 5 cm de longitud a partir de tallos sin floración. Plántelos en macetas, bajo calor suave.

Agapanthus (Agapanto) Perennes resistentes y semirresistentes de hoja perenne, con raíces carnosas. En primavera, divida las plantas congestionadas, justo cuando comience el crecimiento. También se pueden reproducir a partir de semillas sembradas en primavera, con calor suave, aunque las plantas pueden tardar hasta tres años en florecer.

Agave Perenne tierna, suculenta, con forma de roseta. A principios de verano, saque los bulbos reproductores de alrededor de las rosetas y póngalos en macetas bajo calor suave. Como método alternativo, en primavera, siembre las semillas en macetas y colóquelas bajo calor suave.

Agave victoriae-reginae Planta de interior y de invernadero suculenta, con forma de roseta. En primavera, siembre las semillas en macetas y colóquelas bajo calor suave.

Ageratum Anual semirresistente. Siembre a una profundidad de 3 mm.

Aglaonema Planta de interior y de invernadero de hoja perenne. En primavera, divida las plantas congestionadas. Como alternativa, siembre las semillas en primavera bajo calor suave. Elimine también los serpollos de la base. Coloque en macetas bajo calor suave.

***Agrostemma githago* 'Milas'** (Neguilla) Resistente anual. Siémbrela a una profundidad de 6 mm.

Ajuga Herbácea perennifolia resistente. En otoño o a principios de primavera, extraiga y divida las plantas congestionadas. Replante los fragmentos jóvenes.

Alcea rosea (Malvaloca) Perenne resistente que suele crecer como bienal. Siembre a 12 mm de profundidad.

Alchemilla (Alquémila) Herbácea perennifolia resistente. En otoño o a principios de primavera, extraiga y divida las plantas congestionadas. Replante los fragmentos jóvenes de los alrededores del exterior de la mata. Así, se producen plántulas autosembradas que pueden extraerse y trasplantarse a finales de verano.

Allium (cebollinos, ajos tiernos) Bulbosa resistente. En otoño o en primavera, extraiga y divida las matas congestionadas. Muchas especies se pueden reproducir a partir de semillas. Entre otoño y primavera, siémbrelas espaciadamente en macetas, en una cajonera fría.

Allium sativum (Ajo) Perenne bulbosa resistente. A finales de verano, extraiga y divida los bulbos existentes; utilice la mayoría para cocinar, pero guarde algunos para replantarlos a finales del invierno siguiente.

Allium schoenoprasum Perenne bulbosa resistente. En otoño o en primavera, extraiga y divida las plantas congestionadas.

Aloe Perenne suculenta, de invernadero o de interior. En verano, retire los bulbos reproductores, déjelos secar un par de días y plántelos en macetas.

Alstroemeria (Azucena peruana) Herbácea perennifolia resistente, ligeramente tierna con raíces carnosas. Extraiga y divida las plantas congestionadas en otoño o en primavera. Intente hacer matas de unos 10 cm de anchura, sin perturbar demasiado el suelo.

Althaea rosea Véase *Alcea rosea.*

Alyssum maritimum Véase *Lobularia maritima*

Alyssum saxatile Véase *Aurinia saxatilis.*

Amaranthus caudatus (Moco de pavo) Anual resistente. Siembre a 3 mm de profundidad. Como método alternativo, cultívela como una anual semirresistente. Siembre a 3 mm de profundidad.

Amaranthus hypochondriacus (Amaranto) Anual semirresistente. Siembre a 3 mm de profundidad.

Amaranthus tricolor (Amaranto) Anual semirresistente. Siembre a 3 mm de profundidad.

Amaryllis belladonna (Amarilis) Planta bulbosa ligeramente tierna. Durante los meses de verano, cuando las hojas se vuelven amarillas, extraiga, divida la planta y replante.

Amelanchier lamarckii

Amelanchier lamarckii (Guillomo) Arbusto grande o árbol pequeño, resistente, de hoja caduca. A finales de verano, acode una rama poco crecida. Como alternativa, en primavera o en otoño, separe los serpollos arraigados y plántelos en un vivero hasta que sean lo suficientemente grandes como para plantarlos en un parterre.

Anagallis arvensis (Pimpinela escarlata) Anual resistente. Siembre a 6 mm de profundidad.

Anaphalis Herbácea perenne resistente. Extraiga y divida las plantas congestionadas a principios de otoño o en primavera.

Anchusa azurea Herbácea perenne. Extraiga y divida las plantas congestionadas en otoño o en primavera. Como alternativa, tome esquejes de raíz.

Anchusa italica Véase *Anchusa azurea.*

Anemone blanda Tubérculo ligeramente tierno. Extraiga y divida cuidadosamente las plantas congestionadas después de que las hojas se marchiten.

A ÍNDICE DE NOMBRES CIENTÍFICOS A

Anemone coronaria (Anémona coronaria) Tubérculo ligeramente tierno. Extraiga y divida cuidadosamente las plantas congestionadas después de que las hojas se marchiten.

Anemone x hybrida Herbácea perenne resistente. Extraiga y divida las plantas congestionadas en otoño o en primavera. Como alternativa, tome esquejes de raíz en invierno.

Anemone nemorosa (Anémona de bosque) Planta resistente de raíces tuberosas. Cuando las flores se marchiten, extraiga y divida cuidadosamente las plantas congestionadas. Ponga los tubérculos a unos 3,5 cm de profundidad.

Anethum graveolens (Eneldo) Anual resistente. Siembre a 12 mm de profundidad.

Angelica archangelica (Angélica) Bienal resistente. Siembre a 12 mm de profundidad.

Anthemis cupaniana Véase *Anthemis punctata* subsp. *cupaniana*.

Anthemis punctata subsp. ***cupaniana*** Herbácea perennifolia de corta vida. En primavera, extraiga y divida las plantas congestionadas. Como alternativa, a principios de verano, tome esquejes largos, de 5-7,5 cm y plántelos en macetas, en una cajonera fría.

Anthericum liliago (Flor de lis, Falangera) Herbácea perennifolia resistente. En otoño o en primavera, extraiga y divida las plantas congestionadas. Como alternativa, a principios de primavera, siembre las semillas en macetas en una cajonera fría.

Anthriscus cerefolium (Perifollo) Bienal resistente. Siembre a 12 mm de profundidad.

Anthurium Plantas de interior y de invernadero de hoja perenne. En primavera, divida las plantas congestionadas y vuélvalas a poner en macetas.

Antirrhinum majus (Boca de dragón) Perenne resistente, anual resistente (siembre a 6 mm de profundidad) o anual semirresistente (siembre a 3 mm de profundidad).

Aphelandra squarrosa (Afelandra) Planta tierna de interior o de invernadero, de hoja perenne. Cuando se marchiten las flores, corte el tallo principal justo por encima de un par de hojas sanas, para favorecer el desarrollo de tallos que después se podrán utilizar para esquejes. Sepárelos cuando tengan 10 cm de longitud y plántelos en macetas, bajo calor suave.

Aponogeton distachyos

Aponogeton distachyos (Aponogeton) Acuática resistente. En primavera, extraiga y divida las plantas congestionadas.

Aporocactus flagelliformis (Cola de rata) Cactus tierno de invernadero o de interior. En primavera, siembre las semillas en macetas, bajo calor suave. Como alternativa, tome esquejes a finales de primavera y a principios de invierno (déjelos secar durante un par de días) y plántelos en macetas, bajo calor suave.

Aquilegia vulgaris (Aguileña) Herbácea perennifolia resistente. Extraiga y divida las plantas congestionadas en primavera o en otoño. Como alternativa, cultívela como una anual semirresistente (siembre a 3 mm de profundidad) o como bienal resistente (siembre a 6 mm de profundidad).

Arabis alpina subsp. ***caucasica*** (Arábide) Perenne resistente de hoja perenne. Extraiga y divida las plantas congestionadas a principios de otoño. Como alternativa, a principios o a mediados de verano, tome esquejes de 5 cm de longitud procedentes de tallos sin floración y plántelos en macetas con sustrato arenoso, en una cajonera fría.

Arabis blepharophylla Perenne ligeramente tierna, de hoja perenne, que suele crecer en interiores alpinos, en zonas frías. A principios o a mediados de verano, tome esquejes de 5 cm de longitud procedentes de tallos sin floración y plántelos en macetas con sustrato arenoso, en una cajonera fría. Como alternativa, a mediados de verano, siembre las semillas en macetas colocadas en una cajonera fría.

Arabis caucasica Véase *Arabis alpina* subsp. *caucasica*.

Arabis ferdinandi-coburgi Perenne resistente de hoja perenne. A principios o a mediados de verano, tome esquejes procedentes de tallos sin floración y plántelos en macetas con sustrato arenoso, en una cajonera fría.

Araucaria araucana

Araucaria araucana (Araucana, Pehuén) Conífera de hoja perenne. En primavera, siembre las semillas en macetas, de una en una, y colóquelas en una cajonera fría. Como método alternativo, a mediados de verano tome esquejes de 10 cm de longitud procedentes de tallos verticales y plántelos en macetas, en una cajonera fría.

Araucaria excelsa Véase *Araucaria heterophylla*.

Araucaria heterophylla Conífera de hoja perenne que, en zonas de clima templado, crece en su forma juvenil como planta de interior o de invernadero. A principios y mediados de primavera siembre las semillas, de una en una, en macetas, bajo calor suave. Como alternativa, pode las ramas más bonitas para tomar esquejes. Cuando sean lo suficientemente largos, ponga esquejes de 7,5 cm de longitud en macetas, bajo calor suave.

A ÍNDICE DE NOMBRES CIENTÍFICOS A

Araucaria imbricata Véase *Araucaria araucana.*

Arbutus Arbustos y árboles resistentes y semirresistentes, de hoja caduca. A mediados de verano, tome esquejes de madera semidura de 7,5-10 cm de longitud y plántelos en macetas, bajo calor suave. Como alternativa, muchas especies se pueden cultivar a partir de semillas sembradas a principios de otoño y colocadas en una cajonera fría.

Arctostaphylos Arbusto resistente de hoja perenne. Acode las ramas poco crecidas en primavera. Como alternativa, a mediados o a finales de verano, tome esquejes con talón de brotes laterales de 5-7,5 cm de longitud y plántelos en macetas, en una cajonera fría.

Arctotis x hybrida (Violeta africana) Anual semirresistente. Siembre a 6 mm de profundidad.

Arenaria balearica Arbustiva perenne. Divida y extraiga las plantas congestionadas en primavera.

Arenaria montana Arbustiva perenne. A principios o mediados de verano, tome esquejes de ramas de la base, sin floración, de 2,5-5 cm de longitud, y plántelos en macetas, en una cajonera fría.

Arenaria purpurascens Perenne resistente. Divida y extraiga las plantas congestionadas en primavera.

Armeria Perenne resistente. Divida y extraiga las plantas congestionadas en primavera.

Armoracia rusticana (Rábano picante) Perenne resistente de hoja perenne. A principios de invierno, extraiga y almacene las raíces restantes en cajones de arena listos para ser replantados a finales de invierno.

Artemisia abrotanum Arbusto resistente de hoja caduca o semiperenne. A finales de verano, tome esquejes con talón de madera semidura, de 7,5-10 cm de longitud, y plántelos en macetas, en una cajonera fría.

Artemisia absinthium (Ajenjo) Arbustiva resistente de hoja caduca. A finales de verano, tome esquejes con talón de madera semidura, de 7,5-10 cm de longitud, y plántelos en macetas, en una cajonera fría.

Artemisia arborescens Arbusto algo delicado de hoja caduca o semiperenne. A finales de verano, tome esquejes con talón de madera semidura de 7,5-10 cm de longitud y póngalos en macetas, en una cajonera fría.

Artemisia dracunculus (Estragón, Dragoncillo) Perenne resistente. Extraiga y divida las plantas congestionadas a principios o mediados de primavera.

***Artemisia dracunculus* 'Sativa'** Perenne moderadamente resistente. Extraiga y divida las plantas congestionadas a principios o mediados de primavera.

Artemisia lactiflora Herbácea perennifolia resistente. Extraiga y divida las plantas congestionadas en otoño o en primavera.

Artemisia ludoviciana Herbácea perennifolia resistente. Extraiga y divida las plantas congestionadas en otoño o en primavera.

Artemisia stelleriana Herbácea perennifolia resistente. Extraiga y divida las plantas congestionadas en otoño o en primavera. Como alternativa, a mediados o a finales de verano, tome esquejes con talón de madera semidura de 7,5 cm de longitud y plántelos en macetas, en una cajonera fría.

Aruncus dioicus (Barba de chivo) Herbácea perennifolia resistente. Extraiga y divida las plantas congestionadas en otoño.

Asperula odorata (Aspérula olorosa) Herbácea perennifolia resistente. Extraiga y divida las plantas congestionadas en otoño o en primavera.

Asperula orientalis (Aspérula) Anual resistente. Siembre a 6 mm de profundidad.

Aspidistra elatior (Aspidistra) Planta de interior o de invernadero de hoja perenne. Divida las plantas congestionadas en primavera.

Asplenium (Asplenio) Helecho tierno y resistente, de hoja perenne. Multiplíquelo a partir de esporas (véase Glosario).

Asplenium bulbiferum (Nido de ave) Helecho tierno de hoja perenne. Separe los bulbillos jóvenes de las frondas y húndalos en sustrato en macetas colocadas bajo calor suave.

Aster (Áster) Herbácea perennifolia resistente. Extraiga y divida las plantas congestionadas en primavera o en otoño. Las variedades que florecen a finales de otoño, como la 'Michaelmas Daisy', extráigalas y divídalas a principios de primavera.

Astilbe x arendsii Herbácea perennifolia resistente. Extraiga y divida las plantas congestionadas en primavera.

Astrantia (Astrancia) Herbácea perennifolia resistente. Extraiga y divida las plantas congestionadas en otoño o en primavera.

Astrophytum Cactus tierno. En primavera, siembre las semillas en macetas, bajo calor suave.

Athyrium Helecho tierno y resistente. En primavera, extraiga y divida las plantas congestionadas o multiplíquelo a partir de esporas (véase Glosario).

Aubrieta deltoidea Perenne de hoja perenne poco crecida. A finales de verano o a principios de otoño, extraiga y divida las plantas congestionadas. Como alternativa, desde mediados de primavera hasta principios de otoño, siembre las semillas en surcos a 6 mm de profundidad, en un vivero.

Aucuba japonica (Aucuba, Laurel manchado) Arbusto resistente de hoja perenne. A finales de verano o a principios de invierno, tome esquejes con talón de 10-13 cm de longitud, procedentes de brotes laterales, y plántelos en macetas, en una cajonera fría.

Aucuba japonica

Aurinia saxatilis (Cestillo de oro) Arbustiva perenne de hoja perenne. En verano, tome esquejes de 5-7,5 cm de longitud y plántelos en macetas, en una cajonera fría.

B ÍNDICE DE NOMBRES CIENTÍFICOS B

Ballota pseudodictamnus Subarbusto resistente de hoja caduca. A finales de verano o principios de otoño, tome esquejes de brotes laterales no floridos de 7,5-10 cm de longitud y plántelos en macetas, en una cajonera fría.

Bambús Plantas de tipo caña resistentes, de hoja perenne. Existen diferentes métodos de reproducción vegetativa:

- **Division de matas** A finales de primavera, desentierre cuidadosamente las matas sin dañar las raíces y divídalas. Los fragmentos grandes se pueden replantar directamente en un parterre y los pequeños, en un vivero. No deje que las raíces se sequen.
- **Esquejes de rizoma** A mediados de primavera, desentierre las especies con raíces rastreras. Separe los rizomas en fragmentos de unos 15 cm de longitud e introdúzcalos verticalmente en un hoyo estrecho, en un vivero. La punta se debe colocar justo por encima de la superficie del suelo. Al cabo de un año o más, traslade los rizomas a sus posiciones definitivas. Por cierto, este método de reproducción de bambús es menos arduo que el de desenterrar y dividir la mata entera.
- **Esquejes de caña basales** Es el método ideal para los bambús que, en lugar de tener largas raíces rastreras, forman matas. Entre mediados y finales de primavera, aparte la tierra del lateral de una mata y exponga los rizomas de la base de una caña de dos años de edad. Recorte la caña a 30 cm de su base y extraiga las raíces con la mayor cantidad posible de tierra unida a ellas. Plante las raíces y la base de la caña en una maceta profunda o en una caja y colóquela bajo calor suave. Mantenga el sustrato húmedo. De nuevo, este método es más simple que el de desenterrar las matas enteras.

Bassia scoparia* f. *trichophylla (Díctamo) Anual resistente. Siembre a 6 mm de profundidad. Se puede cultivar también como una anual semirresistente; en ese caso siémbrela a 3 mm de profundidad.

Begonia masoniana (Begonia 'Cruz de Hierro') Begonia rizomatosa tierna. Divida las plantas congestionadas en primavera y a principios de verano. Como alternativa, se pueden tomar esquejes de hoja a finales de primavera y a principios de verano.

Begonia rex (Begonia 'Rex') Divida las plantas congestionadas a finales de primavera y a principios de verano. Como alternativa, se pueden tomar esquejes de hoja en primavera y a principios de verano.

Begonia semperflorens (Begonia) Perenne de invernadero que invariablemente se cultiva como anual semirresistente. Siembre las pequeñas semillas en la superficie del sustrato.

Begonia* x *tuberhybrida Plantas delicadas de raíces tuberosas. A principios o a mediados de primavera, ponga los tubérculos sanos en cajas con sustrato húmedo. Tan pronto como echen raíces, sepárelos en varios fragmentos, de modo que cada uno tenga por lo menos un tallo sano. Como alternativa, utilice tallos de 7,5 cm como esquejes y plántelos en macetas, bajo calor suave.

Bellis perennis (Margarita común) Perenne resistente que suele crecer como bienal. Siembre a 6 mm de profundidad.

Beloperone guttata Véase *Justicia brandegeeana*.

Berberis

Berberis (Agracejo) Arbusto resistente de hoja perenne o caduca. Divida las especies con serpollos entre otoño y primavera. Como alternativa, a finales de verano o principios de invierno, tome esquejes con talón de 7,5-10 cm y plántelos en macetas, en una cajonera fría.

Bergenia Herbácea perennifolia resistente. Extraiga y divida las plantas congestionadas en otoño o en primavera.

Betula (Abedul) Árboles y arbustos resistentes, de hoja caduca. A principios o mediados de primavera, siembre las semillas en macetas y colóquelas en una cajonera fría. Las formas de *Betula pendula* se injertan en primavera.

Billbergia Planta tierna de interior y de invernadero, de hoja perenne. Cuando tenga la mitad del tamaño de una planta completamente desarrollada, quite los tallos laterales, como serpollos. Deje que los extremos del corte se sequen durante algunos días y plántelos en macetas, bajo calor suave.

Borago officinalis (Borraja) Anual resistente. Siembre a 6 mm de profundidad.

Bougainvillea Planta de invernadero tierna, de hoja caduca. En verano, tome esquejes de madera semidura de 7,5 cm de longitud y plántelos en macetas, bajo calor suave.

***Brachyglottis* 'Sunshine'** Arbusto de hoja perenne. Acode a finales de verano los tallos poco crecidos. Como alternativa, a finales de verano, tome esquejes de brotes de la temporada, de 7,5 cm de longitud. Plántelos en macetas, en una cajonera fría.

Brachyscome iberidifolia Anual semirresistente. Siembre a 3 mm de profundidad.

Brassaia actinophylla Véase *Schefflera actinophylla*.

Brunnera macrophylla Herbácea perennifolia resistente. Extraiga y divida las plantas congestionadas en otoño o en primavera.

Buddleja alternifolia Arbusto resistente de hoja caduca. A mediados de verano, tome esquejes con talón de madera semidura, de 10-13 cm de longitud. Plántelos en macetas, en una cajonera fría.

B ÍNDICE DE NOMBRES CIENTÍFICOS C

Buddleja crispa Arbusto semirresistente de hoja caduca. A mediados de verano, tome esquejes con talón de madera semidura, de 10-13 cm de longitud. Plántelos en macetas, en una cajonera fría.

Buddleja davidii

Buddleja davidii (Planta de la mariposa) Arbusto resistente de hoja caduca. A mediados de verano, tome esquejes con talón de madera semidura, de 10-13 cm de longitud. Plántelos en macetas, en una cajonera fría. Como alternativa, en otoño, tome esquejes de madera dura de 25-30 cm de longitud e introdúzcalos verticalmente a una profundidad de 20 cm en un vivero.

Buddleja fallowiana Arbusto semirresistente de hoja caduca. A mediados de verano, tome esquejes con talón de madera semidura, de 10-13 cm de longitud. Plántelos en macetas, en una cajonera fría.

Buddleja globosa (Matico) Arbusto algo delicado de hoja perenne o semiperenne. A mediados de verano, tome esquejes con talón de madera semidura, de 10-13 cm de longitud. Plántelos en macetas, en una cajonera fría.

Bupleurum fruticosa Arbusto de hoja perenne o semiperenne. Tome esquejes de madera semidura, con talones.

Butomus umbellatus (Butomo, Junco florido) Semiacuática resistente. Extraiga y divida las plantas congestionadas en primavera.

Buxus sempervirens (Boj) Arbusto resistente de hoja perenne. A finales de verano o principios de otoño, tome esquejes de 7,5-10 cm de longitud y plántelos en macetas, en una cajonera fría.

Caladium Planta perenne de invernadero, tierna, con raíces tuberosas. En primavera, cuando cambie la maceta, separe los tubérculos jóvenes y plántelos en macetas.

Calathea Planta perenne de invernadero, tierna. A principios de verano divida las plantas congestionadas y plántelas en macetas, bajo calor suave.

Calceolaria x herbeohybrida Bienal de invernadero que suele crecer como anual semirresistente. Simplemente, hunda las semillas en la superficie del sustrato.

Calceolaria integrifolia Perenne semirresistente que suele crecer como anual semirresistente. Simplemente, hunda las semillas en la superficie del sustrato.

Calendula officinalis (Maravilla) Anual resistente. Siembre a 12 mm de profundidad.

Callicarpa Arbustos y árboles pequeños resistentes, de hoja caduca. A mediados o a finales de verano, tome esquejes con talón de 7,5-10 cm de longitud y plántelos en macetas, bajo calor suave.

Callistemon (Limpiatubos) Arbustos y árboles resistentes, de hoja semiperenne. A mediados o a finales de verano, tome esquejes con talón de madera semidura de 7,5-10 cm de longitud y plántelos en macetas, bajo calor suave.

Callistephus chinensis (Áster) Anual semirresistente. Siembre a 6 mm de profundidad.

Calluna vulgaris (Brezo) Arbusto de hoja perenne poco crecido. A mediados o a finales de verano, tome esquejes de las ramas de 2,5-5 cm. Quite las hojas inferiores y póngalas en macetas a unos 18 mm de profundidad, bajo calor suave.

Calocedrus decurrens (Cedro de incienso) Conífera resistente de hoja perenne. A finales de otoño, siembre las semillas en macetas y póngalas en una cajonera fría o en un invernadero sin calefacción. Como alternativa, desde mediados de verano hasta principios de otoño, tome esquejes de 7,5 cm de longitud y plántelos en macetas, en una cajonera fría. La forma variegada de *C. decurrens*, 'Aureovariegata' debe reproducirse a partir de esquejes.

Caltha (Centella de agua) Herbácea perennifolia resistente. Extraiga y divida las plantas congestionadas a finales de primavera o a principios de verano.

Camassia quamash Herbácea perennifolia bulbosa. Extraiga y divida las matas congestionadas en otoño. Replante los bulbos grandes pero ponga los pequeños en un vivero durante 2-3 años.

Camellia Arbusto resistente de hoja perenne. A mediados o finales de verano, tome esquejes de 7,5-10 cm de longitud y plántelos en macetas, bajo calor suave. Como alternativa, acode las ramas largas durante los meses de otoño. Los esquejes de hoja con yema se pueden tomar durante todo el verano.

Campanula (Campanilla) Las formas herbáceas con tallos en mata pueden extraerse y dividirse en otoño o en primavera. Como alternativa, en primavera, tome esquejes de tallos de la base, sin floración, de 3,5-5 cm de longitud. Algunas variedades se pueden cultivar a partir de semillas sembradas durante la primavera o a principios de verano y colocar bajo calor suave o en una cajonera fría.

Campanula medium Bienal resistente. Siembre a 6 mm de profundidad.

Carex Planta de hoja perenne con raíces rizomatosas, tipo hierba. Extraiga y divida las plantas congestionadas en primavera.

C ÍNDICE DE NOMBRES CIENTÍFICOS C

Carpenteria californica

Carpenteria californica Arbusto resistente de hoja perenne. En primavera, siembre las semillas en macetas y póngalas bajo calor suave.

Carum carvi (Alcaravera) Bienal resistente. Siembre a 6 mm de profundidad.

Caryopteris x clandonensis (Carióptera) Arbusto resistente de hoja caduca. A finales de verano o a principios de primavera, tome esquejes de madera semidura de 7,5-10 cm de longitud y póngalos en macetas en una cajonera fría.

Catalpa bignonioides (Catalpa) Árbol resistente de hoja caduca. A mediados o a finales de verano, tome esquejes con talón de madera semidura, de 7,5-10 cm de longitud. Póngalos en macetas bajo calor suave.

Catananche caerulea (Hierba Cupido) Herbácea perennifolia de corta vida. Tome esquejes de raíz en primavera. Como alternativa, en primavera, siembre semillas en macetas, a 6 mm de profundidad, y colóquelas en una cajonera fría.

***Ceanothus* 'Burkwoodii'** (Ceanoto americano) Arbusto resistente de hoja perenne. A mediados de verano, tome esquejes de madera semidura de 7,5 cm de longitud y plántelos en macetas, bajo calor suave.

***Ceanothus* 'Cascade'** (Ceanoto americano) Arbusto semirresistente de hoja perenne. A mediados de verano, tome esquejes de madera semidura de 7,5 cm de longitud y plántelos en macetas, bajo calor suave.

***Ceanothus* 'Delight'** (Ceanoto americano) Arbusto resistente de hoja perenne. A mediados de verano, tome esquejes de madera semidura de 7,5 cm de longitud y plántelos en macetas, bajo calor suave.

Ceanothus x delileanus 'Glorie de versailles' (Ceanoto americano) Arbusto resistente de hoja caduca. A mediados de verano, tome esquejes de madera semidura de 7,5 cm de longitud y plántelos en macetas, bajo calor suave.

Ceanothus dentatus (Ceanoto americano) Arbusto resistente de hoja perenne. A mediados de verano, tome esquejes de madera semidura de 7,5 cm de longitud y plántelos en macetas, bajo calor suave.

***Ceanothus* 'Glorie de Versailles'** Véase *Ceanothus x delileanus* 'Glorie de versailles'.

Ceanothus impressus (Ceanoto americano) Arbusto semirresistente de hoja perenne. A mediados de verano, tome esquejes de madera semidura de 7,5 cm de longitud y plántelos en macetas, bajo calor suave.

Ceanothus rigidus (Ceanoto americano) Arbusto semirresistente de hoja perenne. A mediados de verano, tome esquejes de madera semidura de 7,5 cm de longitud y plántelos en macetas, bajo calor suave.

Ceanothus thyrsiflorus (Ceanoto americano) Arbusto resistente de hoja perenne. A mediados de verano, tome esquejes de madera semidura de 7,5 cm de longitud y plántelos en macetas, bajo calor suave.

Ceanothus thyrsiflorus* var. *repens (Ceanoto americano) Arbusto resistente de hoja perenne. A mediados de verano, tome esquejes de madera semidura de 7,5 cm de longitud y plántelos en macetas, bajo calor suave.

Cedrus (Cedro) Conífera resistente de hoja perenne. A mediados o finales de primavera, siembre las semillas en macetas y colóquelas en una cajonera fría.

Celastrus orbiculatus (Celastro) Trepadora resistente de hoja caduca. Acode las ramas poco crecidas en otoño. Como alternativa, a mediados de verano, tome esquejes de madera semidura de 10 cm de longitud y plántelos en macetas, bajo calor suave.

Celosia argentea* var. *cristata (Cresta de gallo) Anual de invernadero. Siembre a 3 mm de profundidad.

Celosia argentea* var. *plumosa (Celosía) Anual semirresistente. Siembre a 3 mm de profundidad.

Centaurea Extraiga y divida las herbáceas perennifolias en otoño o en primavera. Además, siembre las semillas de las especies perennes en primavera y póngalas en una cajonera fría.

Centaurea cyanus (Aciano) Anual resistente. Siembre a 12 mm de profundidad.

Centaurea moschata Anual resistente. Siembre a 6 mm de profundidad.

Centranthus ruber (Valeriana roja) Herbácea perennifolia resistente. Siembre a 6 mm de profundidad.

Cerastium tomentosum (Nieve de verano) Herbácea perennifolia resistente. Siembre a 6 mm de profundidad.

Ceratostigma plumbaginoides Arbustiva perenne. Extraiga y divida las plantas congestionadas en primavera.

Ceratostigma willmottianum Arbusto semirresistente de hoja caduca. A mediados de verano, tome esquejes con talón de madera semidura, de 7,5 cm de longitud. Plántelos en macetas, bajo calor suave.

Cercidiphyllum japonicum (Árbol de Katsura) Árbol resistente, de hoja caduca. A principios de primavera, siembre las semillas en macetas en una cajonera fría.

Cercis siliquastrum (Árbol del amor) Árbol o arbusto grande, resistente, de hoja caduca. A principios o mediados de primavera, siembre las semillas en macetas, bajo calor suave.

C ÍNDICE DE NOMBRES CIENTÍFICOS C

Chaenomeles

Chaenomeles (Membrillero del Japón) Arbusto resistente de hoja caduca. A finales de verano, acode las ramas poco crecidas. Como alternativa, a mediados o a finales de verano, tome esquejes con talón de 10 cm de longitud y plántelos en macetas, bajo calor suave.

Chamaecyparis (Ciprés) Conífera resistente de hoja perenne. A finales de primavera, tome esquejes con talón de 10 cm de longitud y plántelos en macetas, bajo calor suave.

Cheiranthus (Alhelí) Véase *Erysimum* spp.

Chelone Herbácea perennifolia resistente. Extraiga y divida las plantas congestionadas en primavera o en otoño.

Chimonanthus praecox Arbusto de hoja caduca. Acode las ramas largas poco crecidas a principios de otoño o en primavera. Como alternativa, siembre las semillas a principios o mediados de otoño.

Chionodoxa Planta bulbosa resistente. Tan pronto como las hojas se estropeen, extraiga y divida las plantas congestionadas. Como alternativa, siembre las semillas en un vivero a finales de primavera.

Chlorophytum comosum (Cinta) Planta de interior y de invernadero tierna. Divida las plantas congestionadas en primavera. Como alternativa, fije las plántulas jóvenes en sustrato (véase pág. 36). Separe los tallos de la planta madre cuando arraiguen.

Choisya ternata Arbusto resistente de hoja perenne. A finales de verano, tome esquejes de 7,5 cm de longitud de madera semidura y colóquelos bajo calor suave.

Chrysanthemum carinatum (Crisantemo) Anual resistente. Siembre a 6 mm de profundidad.

Chrysanthemum coccineum Véase *Tanacetum coccineum.*

Chrysanthemum coronarium Planta anual resistente. Siembre a 6 mm de profundidad.

Chrysanthemum maximum (Margarita blanca de verano) Véase *Leucanthemum maximum*.

Chrysanthemum parthenium Véase *Tanacetum parthenium.*

Chrysanthemum ptarmiciflorum Véase *Tanacetum ptarmiciflorum.*

Cimicifuga Herbácea perennifolia resistente. Extraiga y divida las plantas congestionadas en primavera o en otoño.

Cineraria cruenta Véase *Pericallis* x *hybrida.*

Cineraria maritima Véase *Senecio cineraria.*

Cissus antarctica (Vid canguro) Planta de interior o de invernadero delicada. A principios o a mediados de primavera, tome esquejes de 7,5 cm de longitud y plántelos en macetas, bajo calor suave. Como alternativa, utilice el acodo.

Cissus discolor (Ciso) Planta de interior o de invernadero delicada. A principios o a mediados de primavera, tome esquejes de 7,5 cm de longitud y plántelos en macetas, bajo calor suave.

Cissus rhombifolia (Hiedra de la uva) Planta de interior o de invernadero delicada. A principios o a mediados de primavera, tome esquejes de 7,5 cm de longitud y plántelos en macetas, bajo calor suave. Como alternativa, utilice el acodo.

Cistus Siembre las semillas en primavera, aunque las plántulas pueden variar ampliamente. A principios o mediados de verano, reproduzca híbridos a partir de esquejes de madera semidura, no florecidos, de 6 cm de longitud. Colóquelos bajo calor suave.

Clarkia elegans (Clarkia) Anual resistente. Siembre a 6 mm de profundidad.

Clarkia pulchella (Clarkia) Anual resistente. Siembre a 6 mm de profundidad.

Clematis

Clematis Existe una amplia variedad: delicadas o resistentes, de hoja perenne o de hoja caduca, herbáceas o trepadoras leñosas:

- **Especies herbáceas** A mediados y a finales de primavera, tome esquejes de la base, de 7,5 cm de longitud. Póngalos en macetas en una cajonera fría.
- **Especies trepadoras** En primavera, acode los tallos poco crecidos. El enraizado tarda un año. Como alternativa, a mediados de verano, tome esquejes de madera semidura de 10-13 cm de longitud, con dos yemas en la base. Póngalos en macetas bajo calor suave.

Cleome spinosa (Cleome) Anual semirresistente. Siembre a 3 mm de profundidad.

Clethra Arbusto resistente de hoja caduca o perenne. A mediados o a finales de verano, tome esquejes con talón de brotes laterales, de 7,5-10 cm de longitud. Póngalos en macetas con calor suave. Como alternativa, acode las ramas poco crecidas en otoño.

C ÍNDICE DE NOMBRES CIENTÍFICOS C

Coleus blumei Véase *Solenostemon scutellarioides.*

Consolida ajacis (Espuela de caballero) Anual resistente. Siembre a 6 mm de profundidad.

Consolida ambigua Véase *Consolida ajacis.*

Convallaria majalis (Lirio de los valles) Herbácea perennifolia resistente. Extraiga y divida las plantas congestionadas a principios de primavera o en otoño.

Convolvulus tricolor Anual resistente. Siembre a 12 mm de profundidad.

Cordyline fruticosa Planta de interior o de invernadero. Tome esquejes de caña verticales u horizontales (véase pág. 28).

Coreopsis tinctoria (Bella Diana) Anual resistente. Siembre a 6 mm de profundidad. A veces se cultiva como anual semirresistente, entonces siembre a 3 mm de profundidad.

Coreopsis verticillata Herbácea perennifolia resistente. Extraiga y divida las plantas congestionadas en primavera o en otoño.

Coriandrum sativum (Cilantro) Anual resistente. Siembre a 6 mm de profundidad.

Coriandrum sativum

Cornus alba (Cornejo) Arbusto resistente con serpollos. A finales de otoño o principios de primavera, quite y replante los serpollos arraigados. Como alternativa, acode las ramas largas a finales de verano.

Cornus canadensis (Cornejo de Canadá) Herbácea perennifolia resistente con un rizoma móvil. Extraiga y divida las plantas congestionadas en primavera o en otoño.

Cornus florida (Cornejo florido) Arbusto o árbol pequeño resistente, de hoja caduca. Siembre las semillas a finales de verano en macetas con sustrato de marga, arenoso. Colóquelas en una cajonera fría. Como alternativa, a mediados o a finales de verano, tome esquejes con talón de madera semidura de 7,5-10 cm de longitud y plántelos en macetas, bajo calor suave.

Cornus kousa Arbusto o árbol pequeño resistente, de hoja caduca. Siembre las semillas a finales de verano en macetas con sustrato de marga, arenoso. Colóquelas en una cajonera fría. Como alternativa, a mediados o a finales de verano, tome esquejes con talón de madera semidura de 7,5-10 cm de longitud y plántelos en macetas, bajo calor suave.

Cornus mas (Cornejo macho) Arbusto resistente de hoja caduca. Siembre las semillas a finales de verano en macetas con sustrato de marga, arenoso. Colóquelas en una cajonera fría. Como alternativa, a mediados o a finales de verano, tome esquejes con talón de madera semidura de 7,5-10 cm de longitud y plántelos en macetas, bajo calor suave.

Cornus nuttallii Arbusto o árbol pequeño resistente, de hoja caduca. Siembre las semillas a finales de verano en macetas con sustrato de marga, arenoso. Colóquelas en una cajonera fría. Como alternativa, a mediados o a finales de verano, tome esquejes con talón de madera semidura de 7,5-10 cm de longitud y plántelos en macetas, bajo calor suave.

Cornus sericea (Cornejo sedoso) Arbusto resistente con serpollos. A finales de otoño o principios de primavera, quite y replante los serpollos arraigados. Como alternativa, acode las ramas largas a finales de verano.

Cornus stolonifera Véase *Cornus sericea.*

Cortaderia selloana (Carrizo de la Pampa) Hierba perenne de hoja perenne. Extraiga y divida las matas de mayor tamaño en primavera. Utilice guantes de jardín gruesos.

Corylopsis Árbol pequeño o arbusto resistente, de hoja caduca. Acode en otoño las ramas poco crecidas. Como alternativa, a mediados o a finales de verano, tome esquejes con talón de 7,5-10 cm y plántelos en macetas, bajo calor suave.

Corylus Árbol pequeño o arbusto resistente, de hoja caduca. Acode en otoño las ramas poco crecidas.

Cosmea Véase *Cosmos bipinnatus.*

Cosmos bipinnatus (Cosmos) Anual semirresistente. Siembre a 6 mm de profundidad.

Cotinus Árboles o arbustos resistentes, de hoja caduca. En otoño, acode las ramas poco crecidas. Como alternativa, a finales de verano o a principios de otoño tome esquejes con talón de brotes laterales, de 10 cm de longitud. Plántelos en macetas, en una cajonera fría.

Cotoneaster Arbusto resistente de hoja perenne o caduca. A finales de otoño, acode las ramas poco crecidas. Como alternativa, a finales de verano, tome esquejes de madera semidura de las especies de hoja caduca. Plántelos en macetas, en una cajonera fría. A principios de otoño, tome esquejes similares de las especies de hoja perenne y plántelos en macetas, en una cajonera fría.

Cotula barbata Anual semirresistente. Siembre a 3 mm de profundidad.

Crambe cordifolia Herbácea perennifolia resistente. En primavera, extraiga y divida las plantas congestionadas. Como alternativa, tome esquejes de raíz.

Crinum Plantas bulbosas delicadas. En primavera, quite los bulbos reproductores y póngalos en macetas, bajo calor suave.

Crocosmia x crocosmiiflora Planta ligeramente tierna, con cormos. Extraiga y divida las plantas congestionadas a principios de primavera. Como alternativa, en otoño, siembre las semillas en macetas en una cajonera fría.

C ÍNDICE DE NOMBRES CIENTÍFICOS D

Crocus Cormos resistentes. Extráigalos antes de que las hojas se vuelvan marrones y seque los cormos pequeños durante unos cuantos días poniéndolos en bandejas, en un cobertizo caldeado o en un invernadero. A finales de verano o en otoño ponga los cormos pequeños en un vivero y replante los grandes.

Cryptomeria japonica (Cedro japonés) Conífera resistente, de hoja perenne. En otoño, tome esquejes de 7,5-10 cm de longitud y plántelos en macetas, en una cajonera fría.

Ctenanthe oppenheimiana 'Tricolor' (Cenante) Planta de interior o de invernadero. Divida las raíces congestionadas.

Cupressus

Cupressus (Ciprés) Conífera resistente, de hoja perenne. A finales de verano, tome esquejes de las puntas de los brotes laterales, de 7,5 cm de longitud. Plántelos en macetas, en una cajonera fría.

Cyclamen Cormos resistentes. A finales de verano o a principios de otoño, siembre las semillas en macetas, bajo calor suave.

Cynoglossum amabile Anual resistente. Siembre las semillas a 6 cm de profundidad.

Cytisus (Retama negra) Arbustos resistentes, principalmente de hoja caduca. A mediados de primavera, siembre las semillas en macetas y póngalas en una cajonera fría. Acode las ramas poco crecidas a finales de verano. Como alternativa, tome esquejes con talón de 7,5 cm de longitud a mediados de verano y plántelos en macetas, bajo calor suave.

Dahlia (Dalia) Plantas semirresistentes de raíces tuberosas. Existen dos tipos: las de vivero se cultivan a partir de semillas, como las anuales semirresistentes, sembrando a 6 mm. Las de parterre se pueden reproducir por división de los tubérculos o por esqueje.

Daphne Arbustos resistentes de hoja perenne o caduca. Muchos de éstos se pueden reproducir mediante el acodo de ramas poco crecidas, a finales de verano o a principios de invierno. Como alternativa, a mediados o a finales de verano, tome esquejes con talón de brotes no florecidos, de 5-10 cm de longitud. Plántelos en macetas, en una cajonera fría. Reproduzca *D. mezereum* a partir de semillas.

Davidia involucrata Árbol resistente de hoja caduca. A mediados o a finales de verano, tome esquejes con talón de los brotes laterales, de 10-13 cm de longitud. Plántelos en macetas, en una cajonera fría. Como alternativa, acode las ramas poco crecidas a principios de otoño.

Delphinium elatum Herbácea perennifolia resistente. Extraiga y divida las matas congestionadas en primavera. Como alternativa, en primavera, tome esquejes de madera blanda de 7,5 cm de longitud, de las bases de las plantas.

Deutzia Arbusto resistente de hoja caduca. A mediados y a finales de verano, tome esquejes de madera semidura de 7,5-10 cm de longitud y plántelos en macetas, en una cajonera fría.

Dianthus barbatus (Clavel) Perenne que suele crecer como bienal resistente. Siembre las semillas a 6 mm de profundidad.

Dianthus chinensis (Clavel chino) Bienal o perenne de corta vida que suele crecer como anual semirresistente. Siembre a 3 mm de profundidad.

Dicentra Herbácea perennifolia resistente. Extraiga y divida las plantas congestionadas en otoño o en primavera.

Dictamnus albus (Díctamo) Herbácea perennifolia resistente. Siembre las semillas recolectadas recientemente en un vivero de exterior, a finales de verano o principios de invierno. A mediados de otoño, trasplante las plántulas a sus posiciones de floración. Como alternativa, a finales de verano, siembre las semillas en un vivero de exterior.

Dieffenbachia (Diefembaquia) Planta de interior o de invernadero. A finales de primavera o a principios de verano, tome esquejes apicales o de caña. Plántelos en macetas, bajo calor suave. Para *D. maculata*, haga acodo aéreo.

Digitalis purpurea (Dedalera) Bienal resistente. Siembre a 3 mm de profundidad.

Dimorphotheca ecklonis 'Prostrata'. Véase *Osteospermum ecklonis* var. *prostratum*.

Dipelta floribunda

Dipelta floribunda Arbusto resistente de hoja caduca. A mediados o a finales de verano, tome esquejes de madera semidura de 7,5-10 cm de longitud y plántelos en macetas, en una cajonera fría. Como alternativa, en otoño, tome esquejes de madera dura de 30 cm de longitud y plántelos en un vivero de exterior.

Dizygotheca elegantissima Véase *Schefflera elegantissima*.

Dorycnium hirsutum Véase *Lotus hirsutus*.

Dracaena Planta de interior o de invernadero. En primavera, tome esquejes de ramas de la base y plántelos en macetas bajo calor suave. Como alternativa, tome esquejes de tallo como si fueran de caña o tome esquejes de yema con hoja.

Dryopteris Principalmente, perennes. En primavera, siembre las esporas (véase el Glosario) o divida las plantas congestionadas.

E ÍNDICE DE NOMBRES CIENTÍFICOS E

Echeveria Planta de interior o de invernadero. Tome esquejes de hoja en primavera.

Echinacea purpurea Herbácea perennifolia resistente. Extraiga y divida las plantas congestionadas en otoño o en primavera. Como alternativa, en primavera, cultive las plantas sembrando las semillas en un semillero.

Echium lycopsis Véase *Echium plantagineum*.

Echium plantagineum (*Equium*) Anual resistente. Siembre a 6 mm de profundidad.

Elaeagnus angustifolia (Árbol del paraíso) Árbol o arbusto resistente de hoja caduca. En verano o a principios de otoño, siembre las semillas en macetas, en una cajonera fría.

Elaeagnus argentea Véase *Elaegnus commutata*.

Elaeagnus commutata Arbusto resistente de hoja caduca. En verano o a principios de otoño, siembre las semillas en macetas, en una cajonera fría. Este arbusto produce serpollos, que deben separarse en otoño y plantarse en macetas, en una cajonera fría.

Elaeagnus x ebbingei Arbusto resistente de hoja caduca. A finales de verano o a principios de otoño, tome esquejes de 7,5-10 cm de longitud y plántelos en macetas, en una cajonera fría.

Elaeagnus macrophylla Arbusto resistente de hoja caduca. A finales de verano o a principios de otoño, tome esquejes de 7,5-10 cm de longitud y plántelos en macetas, en una cajonera fría.

Elaeagnus pungens Arbusto resistente de hoja caduca. A finales de verano o a principios de otoño, tome esquejes de 7,5-10 cm de longitud y plántelos en macetas, en una cajonera fría.

Emilia coccinea Anual semirresistente. Siembre a 3 mm de profundidad.

Endymion hispanicus Véase *Hyacinthoides hispanica*.

Enkianthus campanulatus Arbusto resistente de hoja caduca. A finales de verano o a principios de invierno, tome esquejes con talón de brotes laterales, de 7,5 cm de longitud, y plántelos en macetas, en una cajonera fría.

Epimedium Perenne resistente, de hoja perenne o semiperenne y de raíces rizomatosas. En otoño o en primavera, extraiga y divida las plantas congestionadas.

Epipremnum aureum (Poto) Planta de interior o de invernadero. Acode los tallos largos a finales de primavera o a principios de verano.

Eranthis hyemalis (Erantis) Planta resistente tuberosa. Extraiga y divida las plantas congestionadas cuando las hojas empiecen a estropearse y replántelas inmediatamente.

Eremurus Herbácea perennifolia resistente. En otoño, extraiga y divida las plantas congestionadas.

Erica (Brezo) Arbusto de hoja perenne:

- **Especies de jardín resistentes:** desde mediados de verano hasta principios de otoño, tome esquejes con talón de brotes laterales de 2,5-5 cm de longitud y plántelos en un sustrato bien drenado. Colóquelos bajo calor suave y pulverice regularmente con agua limpia.
- **Especies de invernadero:** a principios o a mediados de primavera, tome esquejes de 2,5 cm de longitud y plántelos en un sustrato mezcla a partes iguales de arena y turba húmeda, bajo calor suave.

Erigeron speciosus Herbácea perennifolia resistente. Extraiga y divida las plantas congestionadas en primavera o en otoño.

Eryngium Herbácea perennifolia resistente o tierna. Muchas de ellas se pueden reproducir mediante esquejes de raíz verticales.

Erysimum x allionii (Alhelí siberiano) Perenne resistente que suele crecer como bienal. Siembre a 6 mm de profundidad.

Erysimum alpinum (Alhelí alpino) Bienal resistente. Siembre a 6 mm de profundidad.

Erysimum cheiri (Alhelí) Perenne resistente que suele crecer como bienal. Siembre a 6 mm de profundidad.

Escallonia (variedades de jardín) Arbusto algo delicado, de hoja perenne. A finales de verano o principios de otoño, tome esquejes con talón de 7,5-10 cm de longitud y plántelos en macetas, en una cajonera fría. La aplicación de calefacción a la parte inferior favorece el enraizado.

Eschscholzia californica (Amapola de California) Anual resistente. Siembre a 6 mm de profundidad.

Eucalyptus Árboles y arbustos perennes. En climas templados, algunos son completamente resistentes. A finales de invierno o principios de primavera, siembre las semillas a 3 mm de profundidad en macetas con un sustrato tamizado finamente. Colóquelas bajo calor suave. La germinación se suele dar dentro de los 14 días siguientes, aunque las semillas de algunas especies, como *E. coccifera*, *E. niphophila* y *E. pauciflora* (Eucalipto de nieve) requieren estratificación en condiciones de humedad y frío, durante un máximo de ocho semanas. Después de la germinación, tan pronto como se forme el primer par de hojas, trasplante las plántulas a macetas individuales.

Eucryphia

Eucryphia Árboles y arbustos de hoja caduca, perenne o parcialmente perenne. A finales de verano o a principios de otoño, tome esquejes con talón de los brotes de la temporada, de madera semidura, de 7,5-10 cm de longitud.

E ÍNDICE DE NOMBRES CIENTÍFICOS F

Euonymus alatus Arbusto resistente de hoja caduca. En otoño, siembre las semillas en macetas, en una cajonera fría. Como alternativa, a finales de verano, tome esquejes con talón de 7,5 cm de longitud y plántelos en macetas, también en una cajonera fría.

Euonymus europaeus (Evónimo) Arbusto o árbol pequeño resistente, de hoja caduca. En otoño, acode las ramas poco crecidas. Como alternativa, a finales de verano, tome esquejes con talón de 7,5 cm de longitud y plántelos en macetas, en una cajonera fría.

Euonymus fortunei Arbusto resistente de hoja perenne. En otoño, acode las ramas poco crecidas. Como alternativa, a finales de verano o a principios de otoño, tome esquejes con talón de 7,5 cm de longitud y plántelos en macetas, en una cajonera fría. Las plantas congestionadas pueden también dividirse en primavera.

Euonymus japonicus Arbusto resistente de hoja perenne. En otoño, acode las ramas poco crecidas. Como alternativa, a finales de verano o a principios de otoño, tome esquejes con talón de 7,5 cm de longitud y plántelos en macetas, en una cajonera fría.

Euphorbia characias Herbácea perennifolia resistente. En otoño o primavera extraiga y divida las plantas congestionadas.

Euphorbia marginata Anual resistente. Siembre a 6mm de profundidad.

Euphorbia milii (Espina de Cristo) Planta de interior o de invernadero semisuculenta. A mediados de verano, tome esquejes de 7,5 cm de longitud, déjelos secar durante un par de días y plántelos en macetas, bajo calor suave.

Euphorbia polychroma Subarbusto perenne resistente, de hoja perenne. Extraiga y divida las plantas congestionadas en otoño o en primavera.

Euphorbia pulcherrima (Poinsetia) Planta de interior o de invernadero. En primavera, tome esquejes de 7,5-10 cm de longitud de plantas previamente podadas. Plántelos en macetas, bajo calor suave.

Euphorbia splendens Véase *Euphorbia milii.*

Fagus sylvatica (Haya) Árbol perenne resistente. Durante los meses de otoño, siembre las semillas en un vivero de exterior. Cuando las plántulas sean lo bastante grandes como para cogerlas con las manos, trasplántelas a un vivero o a sus posiciones definitivas.

Fallopia baldschuanica
Trepadora resistente de hoja caduca. A mediados o a finales de verano, tome esquejes de madera semidura de 7,5-10 cm de longitud. Plántelos en macetas, en una cajonera fría.

x Fatshedera lizei Arbusto resistente de hoja perenne. A mediados o a finales de verano tome esquejes apicales o de tallo, de 10 cm de longitud. Plántelos en macetas, en una cajonera fría.

Fatsia japonica

Fatsia japonica Arbusto perenne resistente o ligeramente delicado. En primavera, separe las ramas tipo serpollo de alrededor de la base de la planta y póngalas en macetas individuales, en una cajonera fría.

Felicia bergeriana (Margarita 'kingfisher') Anual semirresistente. Siembre a 3 mm de profundidad.

Festuca Hierba perenne resistente. Extraiga y divida las plantas congestionadas en otoño o en primavera.

Ficus benjamina Planta de interior o de invernadero. En primavera o a principios de verano, tome esquejes de brotes laterales, de 5-7,5 cm de longitud. Plántelos en macetas, bajo calor suave.

Ficus deltoidea Véase *Ficus diversifolia.*

Ficus diversifolia Planta de interior o de invernadero. En primavera o a principios de verano, tome esquejes de brotes laterales, de 5-7,5 cm de longitud. Plántelos en macetas, bajo calor suave.

Ficus elastica (Higuera del caucho) Planta de interior o de invernadero. En primavera o a principios de verano, tome esquejes de 10-15 cm de longitud y plántelos en macetas, bajo calor suave. Como alternativa, a finales de primavera o principios de verano, tome esquejes de hoja con yema. También puede hacer acodado aéreo de las plantas desde finales de primavera hasta principios de verano.

Ficus lyrata (Ficus de la caja de violín) Planta de interior o de invernadero. En primavera o a principios de verano, tome esquejes de 10-15 cm de longitud y plántelos en macetas, bajo calor suave. También puede hacer acodado aéreo de las plantas desde finales de primavera hasta principios de verano.

Ficus pumila (Ficus trepador) Planta de interior o de invernadero. En primavera o a principios de verano, tome esquejes de brotes laterales, de 5-7,5 cm de longitud. Plántelos en macetas, bajo calor suave.

Ficus radicans Planta de interior o de invernadero. En primavera o a principios de verano, tome esquejes de brotes laterales, de 5-7,5 cm de longitud. Plántelos en macetas, bajo calor suave.

Filipendula purpurea Herbácea perennifolia. Extraiga y divida las plantas congestionadas en otoño o a principios de primavera.

Foeniculum vulgare (Hinojo) Herbácea perennifolia resistente. Siembre a 6 mm de profundidad.

F ÍNDICE DE NOMBRES CIENTÍFICOS H

Forsythia (Campanilla china) Arbusto resistente de hoja caduca. En otoño, tome esquejes de madera dura de 25 cm de longitud y plántelos a 10-15 cm de profundidad en un vivero de exterior. Cave un hoyo estrecho y esparza arena gruesa en la base.

Fothergilla Arbusto resistente de hoja caduca. A principios de otoño, acode las ramas poco crecidas.

Fremontia californica Véase *Fremontodendron californicum*.

Fremontodendron californicum Arbusto trepador ligeramente delicado, de hoja caduca o semiperenne. A principios o a mediados de primavera, siembre las semillas a 3 mm de profundidad en macetas, bajo calor suave.

Fuchsia (Pendientes de la reina) Arbusto delicado de invernadero o de parterre. En primavera, tome esquejes apicales de las ramas, de 7,5 cm de longitud, y plántelos en macetas, bajo calor suave.

Fuchsia magellanica

Fuchsia magellanica (Pendientes de la reina) Arbusto de hoja caduca algo delicado. Extraiga y divida las plantas congestionadas en primavera.

Gaillardia aristata (Gallardía) Herbácea perennifolia resistente. Extraiga y divida las matas congestionadas en primavera.

Gaillardia pulchella (Gallardía) Anual semirresistente. Siembre las semillas a 3 mm de profundidad.

Galanthus nivalis (Campanillas de invierno) Bulbosa resistente. Extraiga y divida las matas congestionadas tan pronto termine la floración. Replante de inmediato, de modo que los bulbos no se sequen.

Garrya elliptica Arbusto resistente de hoja perenne. Acode las ramas poco crecidas a principios de otoño. Como alternativa, a finales de verano o a principios de otoño, tome esquejes con talón de madera semidura, de 7,5-10 cm de longitud. Plántelos en macetas, en una cajonera fría.

Gaultheria mucronata Arbusto resistente de hoja perenne. Reproduzca a partir de semillas sembradas en otoño en macetas, en una cajonera fría. Las variedades catalogadas deben cultivarse a partir de esquejes de 5 cm de longitud tomados a principios de otoño y plantados en macetas, en una cajonera fría.

Gazania x hybrida Anual semirresistente. Siembre a 3-6 mm de profundidad.

Genista (Retama negra) Arbusto resistente de hoja caduca. A mediados o a finales de verano, tome esquejes con talón de 7,5 cm de longitud de ramas de la temporada actual. Plántelos en macetas, en una cajonera fría. Como alternativa, en primavera, siembre las semillas en macetas con tierra arenosa y póngalas en una cajonera fría.

Geranium (Geranio) Herbácea perennifolia resistente. Extraiga y divida las plantas congestionadas en otoño o en primavera.

Gerbera jamesonii (Gerbera) Perenne delicada. Simplemente, hunda las semillas en la superficie del sustrato.

Geum Herbácea perennifolia resistente. Extraiga y divida las plantas congestionadas en primavera.

Ginkgo biloba Conífera resistente de hoja caduca. A principios o a mediados de otoño, siembre las semillas en macetas, en una cajonera fría. Siembre tan pronto las semillas estén maduras.

Gladiolus Planta cormosa delicada. A finales de primavera, plante los jóvenes cormelos, procedentes de plantas que fueron extraídas a finales del año anterior y que se dejaron secar. Los cormelos se suelen plantar en un vivero para, después de 2-3años, ser trasplantados a sus posiciones de floración.

***Glechoma hederacea* 'Variegata'** (Hiedra terrestre) Perenne resistente. Extraiga y divida las plantas congestionadas en primavera.

Glyceria maxima* var. *variegata (Gliceria maxima). Acuática herbácea resistente. Extraiga y divida las plantas congestionadas en primavera.

Godetia Anual resistente. Siembre a 6 mm de profundidad.

Gomphrena globosa (Amaranto globoso) Anual semirresistente. Siembre a 6 mm de profundidad.

Griselinia littoralis Arbusto de hoja perenne ligeramente delicado. A finales de verano o principios de otoño, tome esquejes de los brotes laterales de 7,5-10 cm de longitud. Plántelos en macetas, en una cajonera fría.

Gunnera manicata Herbácea perennifolia ligeramente delicada. A mediados o a finales de primavera, elimine las coronas que hayan empezado a arraigar alrededor de la planta principal. Colóquelas en macetas y manténgalas húmedas y a la sombra, hasta que se establezcan.

Gypsophila elegans (Nebulosa) Anual resistente. Siembre a 6 mm de profundidad.

Gypsophila paniculata (Nebulosa) Herbácea perennifolia resistente. A mediados o a finales de primavera, tome esquejes de alrededor de la base de la planta. Plántelos en macetas con un sustrato mezcla a partes iguales de turba y arena fina, en una cajonera fría.

Hakonechloa macra Hierba perenne resistente. Extraiga y divida las matas congestionadas en primavera.

H ÍNDICE DE NOMBRES CIENTÍFICOS H

Hamamelis

Hamamelis (Nogal de las brujas) Arbustos o árboles pequeños resistentes de hoja caduca. Acode las ramas poco crecidas a finales de verano. Como alternativa, a finales de verano, tome esquejes procedentes de brotes de la temporada actual, de 10 cm de longitud. Plántelos en macetas, en una cajonera fría.

Hebe Arbusto de hoja perenne resistente. A mediados o a finales de verano, tome esquejes de 5-10 cm de longitud, de brotes no florecidos. Plántelos en macetas, en una cajonera fría.

Hedera (Hiedra) Plantas de interior o trepadoras resistentes, de hoja perenne. Para las variedades individuales, véase a continuación. Las plantas de interior pueden también acodarse (véase pág. 34).

Hedera canariensis 'Gloire de Marengo' (Hiedra canaria variegada). Trepadora resistente de hoja perenne. A mediados de verano, tome esquejes de 7,5-10 cm de longitud y plántelos en macetas, bajo calor suave. Tome los esquejes de tallos largos de la temporada actual.

Hedera canariensis 'Variegata' Véase *Hedera canariensis* 'Gloire de Marengo'.

Hedera colchica 'Dentata Variegata' Trepadora resistente de hoja perenne. A mediados de verano, tome esquejes de 7,5-10 cm de longitud y plántelos en macetas, bajo calor suave. Si la planta se va a cultivar como trepadora, tome los esquejes a partir de tallos largos de la temporada actual, mientras que si se va a cultivar para cubrir el suelo, tome los esquejes a partir de madera vieja.

Hedera colchica 'Paddy's Pride' Véase *Hedera colchica* 'Sulphur Heart'.

Hedera colchica 'Sulphur Heart' Trepadora resistente de hoja perenne. A mediados de verano, tome esquejes de 7,5-10 cm de longitud y plántelos en macetas, bajo calor suave. Si la planta se va a cultivar como trepadora, tome los esquejes a partir de tallos largos de la temporada actual, mientras que si se va a cultivar para cubrir el suelo, tome los esquejes a partir de madera vieja.

Hedera colchica 'Variegata' Véase *Hedera colchica* 'Dentata Variegata'.

Hedera helix 'Glacier' Trepadora de hoja perenne de hojas pequeñas, resistente. A mediados de verano, tome esquejes de 7,5-10 cm de longitud de tallos de la temporada actual y plántelos en macetas, bajo calor suave.

Hedera helix 'Goldheart'

Hedera helix 'Goldheart' Trepadora de hoja perenne de hojas pequeñas, resistente. A mediados de verano, tome esquejes de 7,5-10 cm de longitud de tallos de la temporada actual y plántelos en macetas, bajo calor suave.

Helenium autumnale Herbácea perennifolia resistente. Extraiga y divida las plantas congestionadas durante la primavera o el otoño.

Helianthemum Arbusto resistente poco crecido, de hoja perenne. Desde inicios a finales de verano, tome esquejes con talón de 5-7,5 cm, de brotes no florecidos. Plántelos en macetas, en una cajonera fría.

Helianthus Herbácea perennifolia resistente. Extraiga y divida las plantas congestionadas en otoño o en primavera.

Helianthus annuus (Girasol) Anual resistente. Siembre a 12 mm de profundidad.

Helichrysum angustifolia Véase *Helichrysum italicum*.

Helichrysum bracteatum Véase *Xerochrysum bracteatum*.

Helichrysum italicum (Siempreviva olorosa) Subarbusto perenne semirresistente. A mediados de verano, tome esquejes de 7,5 cm de los brotes de la temporada actual. Plántelos en macetas, en una cajonera fría.

Helichrysum petiolare (Nafalión) Arbustiva tierna perenne. De mediados a finales de verano, tome esquejes de los brotes laterales, de 7,5 cm de longitud. Plántelos en macetas, con calor suave.

Heliotropium arborescens (Heliotropo) Perenne semirresistente que suele crecer como anual semirresistente. Siembre a 6 mm de profundidad.

Helleborus Perenne resistente de hoja caduca o perenne. Siembre las semillas (cuando estén maduras) a principios o a mediados de verano, en macetas en una cajonera fría.

Helleborus niger (Rosa de Navidad) Perenne resistente con hojas perennes. Extraiga y divida las plantas congestionadas en primavera, cuando las flores se marchiten.

Helleborus orientalis (Rosa de Cuaresma) Perenne resistente con hojas perennes. Extraiga y divida las plantas congestionadas en primavera, cuando las flores se marchiten.

Hemerocallis (Lirios de la mañana) Herbácea perennifolia resistente. Extraiga y divida las flores congestionadas en otoño o en primavera.

H ÍNDICE DE NOMBRES CIENTÍFICOS I

Heptapleurum arboricola Véase *Schefflera arboricola*.

Hesperis matronalis (Juliana, Matronal) Perenne resistente. Siembre a 6 mm de profundidad.

Heuchera sanguinea (Campanas de coral) Herbácea perennifolia resistente. En otoño o en primavera, extraiga y divida las plantas congestionadas.

Hibiscus syriacus (Rosa de Siria) Arbusto resistente de hoja caduca. A mediados de verano, tome esquejes con talón de madera semidura de brotes no florecidos, de 7,5-10 cm de longitud. Plántelos en macetas, bajo calor suave.

Hibiscus trionum (Hibisco) Anual resistente. Siembre a 6 mm de profundidad.

Hosta Herbácea perennifolia resistente. Extraiga y divida las plantas congestionadas a principios o a mediados de primavera, justo cuando empiece el crecimiento.

***Humulus lupulus* 'Aureus'** (Lúpulo) Herbácea perennifolia resistente. A finales de otoño o en primavera, extraiga y divida las plantas congestionadas.

Hyacinthoides hispanica (Jacinto español) Bulbosa resistente. Justo cuando las flores se marchiten, extraiga y divida las matas congestionadas. Como alternativa, esparza las semillas maduras sobre la superficie del suelo y recubra ligeramente con tierra friable.

Hydrangea anomala* subsp. *petiolaris (Hortensia trepadora) Trepadora resistente de hoja caduca. A mediados de verano, tome esquejes de 7,5 cm de longitud, de brotes de la temporada actual y plántelos en macetas, en una cajonera fría.

Hydrangea arborescens (Hortensia arborescente) Arbusto resistente de hoja caduca. A mediados o a finales de verano, tome esquejes de 10-15 cm de longitud procedentes de brotes no florecidos de la temporada actual. Plántelos en macetas, bajo calor suave.

Hydrangea aspera Arbusto resistente de hoja caduca. A mediados o a finales de verano, tome esquejes de 10-13 cm de longitud procedentes de brotes no florecidos de la temporada actual. Plántelos en macetas, bajo calor suave.

Hydrangea macrophylla

Hydrangea macrophylla (Hortensia) Arbusto resistente de hoja caduca. A mediados o a finales de verano, tome esquejes de 10-13 cm de longitud procedentes de brotes no florecidos de la temporada actual. Plántelos en macetas, bajo calor suave.

Hydrangea paniculata Arbusto resistente de hoja caduca. A mediados o a finales de verano, tome esquejes de 10-13 cm de longitud procedentes de brotes no florecidos de la temporada actual. Plántelos en macetas, bajo calor suave.

Hydrangea petiolaris Véase *Hydrangea anomala* subsp. *petiolaris*.

Hydrangea quercifolia Arbusto resistente de hoja caduca. A mediados o a finales de verano, tome esquejes de 10-15 cm de longitud procedentes de brotes no florecidos de la temporada actual. Plántelos en macetas, bajo calor suave.

Hydrangea scandens Véase *Hydrangea anomala* subsp. *petiolaris*.

***Hypericum* 'Hidcote'** Arbusto resistente de hoja casi perenne. A mediados de verano, tome esquejes con talón de 10-13 cm de longitud procedentes de brotes no florecidos de la temporada actual. Plántelos en macetas, en una cajonera fría.

Hypericum olympicum Arbusto resistente de hoja perenne. A principios de verano, tome esquejes de 5 cm de longitud, procedentes de la base de brotes de la temporada actual. Plántelos en macetas, en una cajonera fría.

***Hypericum patulum* 'Hidcote'** Véase *Hypericum* 'Hidcote'.

Hyssopus officinalis (Hisopo) Perenne resistente. Siembre a 6 mm de profundidad.

Iberis umbellata (Carraspique) Anual resistente. Siembre a 6 mm de profundidad.

Ilex x altaclerensis Arbusto o árbol pequeño resistente de hoja perenne. A finales de verano, tome esquejes con talón de 5-7,5 cm de longitud y plántelos en macetas, en una cajonera fría. Como alternativa, acode las ramas poco crecidas en otoño.

Ilex aquifolium (Acebo) Arbusto o árbol pequeño resistente de hoja perenne. A finales de verano, tome esquejes con talón de 5-7,5 cm de longitud y plántelos en macetas, en una cajonera fría. Como alternativa, acode las ramas poco crecidas en otoño.

Impatiens balsamina (Alegría) Anual semirresistente. Siembre las semillas a 6 mm de profundidad.

Impatiens sultani Véase *Impatiens walleriana*.

Impatiens walleriana (Alegría de la casa) Planta de invernadero perenne que suele crecer como anual semirresistente. Siembre a 3 mm de profundidad. También se pueden enraizar los esquejes de madera blanda en agua (véase pág. 20).

Incarvillea Herbácea perennifolia. Extraiga y divida las plantas congestionadas en otoño. Además, en primavera, siembre las semillas en un vivero de exterior.

Ionopsidium acaule Anual resistente. Siembre a 6 mm de profundidad.

I ÍNDICE DE NOMBRES CIENTÍFICOS K

Ipheion uniflorum (Ipheion) Bulbosa resistente. Extraiga y divida las matas congestionadas tan pronto como las hojas se estropeen.

Iris cristata Tipo cresta. Extraiga y divida los rizomas congestionados cuando las flores se marchiten, a finales de primavera.

Iris danfordiae Tipo bulbosa. Extraiga y divida los bulbos congestionados cuando las hojas se hayan estropeado.

Iris ensata Lirio "sin barba". Extraiga las matas congestionadas y divida los rizomas justo después de la floración o en cualquier momento, mientras esté en crecimiento activo.

***Iris* 'Florentina'** (Lirio Blanco) Lirio "semibarbado". Véase *Iris germanica* para la reproducción.

Iris foetidissima (Lirio fétido) Lirio "sin barba". Extraiga y divida los rizomas congestionados en otoño. También se puede reproducir a partir de semillas.

Iris germanica

Iris germanica (Lirio azul) Lirio "semibarbado". Extraiga y divida los rizomas congestionados después de la floración, seleccionando los fragmentos de alrededor de la zona exterior y asegurándose de que cada uno contiene uno o dos abanicos de hojas.

Iris histrioides Tipo bulboso. Véase *Iris danfordiae* para la reproducción.

Iris kaempferi Véase *Iris ensata.*

Iris laevigata Lirio 'sin barba' (Laevigatae). Véase *Iris ensata* para la reproducción.

Iris pallida Lirio de 'barba' larga. Véase *Iris germanica* para la reproducción.

Iris pseudacorus (Lirio amarillo) Lirio sin 'barba' (Leavigatae). Véase *Iris ensata* para la reproducción.

Iris pumila Lirio de 'barba' corta. Véase *Iris germanica* para la reproducción.

Iris reticulata Tipo bulboso. Véase *Iris danfordiae* para la reproducción.

Iris sibirica (Lirio siberiano) Lirio 'sin barba' (Sibiricae). Extraiga y divida las matas congestionadas una vez que se estropeen las hojas, a finales de otoño o en primavera, cuando comience el crecimiento. Replante los rizomas a 2,5 cm de profundidad.

***Jasminum humile* 'Revolutum'** Arbusto resistente de hoja perenne, no trepador, que se suele fijar a una pared. En otoño, acode las ramas poco crecidas. Como alternativa, a finales de verano tome esquejes de madera semidura de 7,5-10 cm de longitud y plántelos en macetas, bajo calor suave.

Jasminum mesnyi (Jazmín de invierno) Trepadora algo delicada de hoja perenne. En otoño, acode las ramas poco crecidas. Como alternativa, a finales de verano tome esquejes con talón de madera semidura, de 7,5-10 cm de longitud. Plántelos en macetas, bajo calor suave.

Jasminum nudiflorum (Jazmín de invierno) Arbusto de pared resistente, de hoja caduca. En otoño, acode las ramas poco crecidas.

Jasminum officinale (Jazmín blanco) Trepadora resistente de hoja caduca. En otoño, acode las ramas poco crecidas. Como alternativa, a finales de verano, tome esquejes con talón de madera semidura, de 7,5-10 cm de longitud. Plántelos en macetas, bajo calor suave.

Jasminum polyanthum (Jazmín chino) Trepadora algo delicada que suele crecer en climas templados en un invernadero o como planta de interior. En otoño, acode las ramas poco crecidas. Como alternativa, a finales de verano, tome esquejes con talón de madera semidura, de 7,5-10 cm de longitud. Plántelos en macetas, bajo calor suave.

Jasminum primulinum Véase *Jasminum mesnyi.*

Jasminum revolutum Véase *Jasminum humile* 'Revolutum'.

Justicia brandegeeana Planta de invernadero o de interior, delicada. En primavera, tome esquejes de madera semidura de 5-7,5 cm de longitud. Plántelos en macetas, bajo calor suave.

Kalanchoe daigremontiana Planta de interior o de invernadero. Saque las plántulas y arráiguelas (véase pág. 36).

Kalanchoe delagoensis Planta de interior o de invernadero. Saque las plántulas y arráiguelas (véase pág. 37).

Kalmia angustifolia Arbusto resistente de hoja perenne. A finales de verano o a principios de primavera, acode las ramas poco crecidas. Como alternativa, a finales de verano, tome esquejes de madera semidura de 10-13 cm de longitud, procedentes de la actual temporada. Plántelos en macetas, en una cajonera fría.

Kalmia latifolia (Laurel de montaña) Arbusto resistente de hoja perenne. A finales de verano o a principios de primavera, acode las ramas poco crecidas. Como alternativa, a finales de verano, tome esquejes de madera semidura de 10-13 cm de longitud, procedentes de la actual temporada. Plántelos en macetas, en una cajonera fría.

Kerria japonica (Malva de los judíos) Arbusto resistente de hoja caduca. A finales de verano o a principios de otoño, tome esquejes de 10-13 cm de longitud, de brotes de la temporada actual. Plántelos en macetas, en una cajonera fría.

K ÍNDICE DE NOMBRES CIENTÍFICOS L

Kerria japonica 'Pleniflora' Arbusto resistente de hoja caduca. A finales de verano o a principios de otoño, tome esquejes de 10-13 cm de longitud, de brotes de la temporada actual. Plántelos en macetas, en una cajonera fría.

Kniphofia Herbácea perennifolia resistente. Extraiga y divida las plantas congestionadas a principios de primavera. Tenga cuidado de no dañar las coronas.

***Kochia scoparia* 'Trichophylla'** Véase *Bassia scoparia* f. *trichophylla.*

Kolkwitzia amabilis

Kolkwitzia amabilis Arbusto resistente de hoja caduca. A finales de verano o a principios de otoño, tome esquejes de 10-13 cm de longitud, de brotes de la temporada actual. Plántelos en macetas, en una cajonera fría.

Laburnum Árbol resistente de hoja caduca. En otoño, siembre las semillas en macetas, en una cajonera fría.

***Laburnum x watereri* 'Vossii'** Árbol resistente de hoja caduca. Este híbrido no se puede reproducir a partir de semillas, por tanto, se multiplica a finales de invierno mediante injerto de la especie en un patrón de raíz.

Larix decidua Conífera resistente de hoja caduca. En primavera, siembre las semillas directamente en un vivero de exterior.

Lathyrus latifolius Trepadora resistente perenne. A principios y a finales de primavera, siembre las semillas a 12 mm de profundidad, en sus lugares de floración.

Lathyrus odoratus (Guisante de olor) Anual resistente. En primavera, siembre las semillas a 12 mm de profundidad, en sus lugares de floración. Como alternativa, a finales de invierno, siembre las semillas a 12 mm de profundidad en bandejas, en un invernadero caldeado.

Laurus nobilis (Laurel) Arbusto resistente de hoja perenne. A mediados o a finales de verano, tome esquejes con talón de 10 cm de longitud, de brotes laterales. Plántelos en macetas, en una cajonera fría.

Lavandula angustifolia (Lavanda) Arbusto resistente de hoja perenne. A mediados o a finales de verano, tome esquejes de 7,5-10 cm de longitud de brotes no florecidos. Plántelos en macetas, en una cajonera fría.

Lavandula vera (Espliego) Arbusto resistente de hoja perenne. A mediados de verano, tome esquejes de 7,5 cm de longitud de brotes no florecidos. Plántelos en macetas, en una cajonera fría.

***Lavatera arborea* 'Rosea'** Véase *Lavatera* x *clementii* 'Rosea'.

Lavatera x clementii 'Rosea' Arbusto de tallos tiernos. A mediados o a finales de verano, tome esquejes de 7,5-10 cm de longitud de brotes no florecidos. Plántelos en macetas, en una cajonera fría.

***Lavatera olbia* 'Rosea'** Véase *Lavatera* x *clementii* 'Rosea'.

Lavatera trimestris (Lavatera) Anual resistente. Siembre a 12 mm de profundidad.

Leucanthemum maximum (Margarita blanca de verano) Herbácea perennifolia. Siembre a 6 mm de profundidad. Como alternativa, extraiga y divida las plantas congestionadas en otoño o en primavera.

Leucojum (Copos de nieve) Bulbosa resistente. Cuando las matas se congestionen, extráigalas con cuidado, tan pronto como las hojas se estropeen. Divídalas y replántelas.

Levisticum officinale (Apio de monte) Perenne resistente. En primavera, siembre las semillas a 6 mm de profundidad.

Liatris Herbácea perennifolia resistente, de raíces tuberosas. Extraiga y divida las plantas congestionadas en primavera.

Libocedrus decurrens Véase *Calocedrus recurrens.*

Ligularia Herbácea perennifolia resistente. Extraiga y divida las plantas congestionadas en primavera.

Ligustrum japonicum (Aligustre del Japón) Arbusto resistente de hoja perenne. En otoño, tome esquejes de madera dura de 13-15 cm de longitud y plántelos en una cajonera fría.

Ligustrum ovalifolium (Aligustro) Arbusto resistente de hoja perenne (en climas duros, se convierte en semiperenne). En otoño, tome esquejes de madera dura de 25-30 cm de longitud y plántelos en el suelo, en un vivero protegido.

Lilium (Azucena, Lirio) Bulbosas resistentes. En otoño o en primavera, extraiga cuidadosamente las matas congestionadas y divídalas.

Limnanthes douglasii

Limnanthes douglasii Anual resistente. Siembre a 3 mm de profundidad.

L ÍNDICE DE NOMBRES CIENTÍFICOS L

Limonium latifolium Perenne resistente con rizoma y tallos leñosos. Se resiente si se tocan las raíces, por lo tanto, a finales de primavera o principios de verano, siembre las semillas a 6 mm de profundidad en macetas, en una cajonera fría.

Limonium sinuatum Perenne resistente que suele crecer como semirresistente anual. Siembre a 6 mm de profundidad.

Linaria maroccana (Linaria) Anual resistente. Siembre a 3 mm de profundidad.

Linum arboreum Arbustiva perenne. En primavera, tome esquejes de la base de 5 cm de longitud y plántelos en macetas, en una cajonera fría.

Linum flavum Subarbustiva perenne resistente. En primavera, tome esquejes de la base de 5 cm de longitud y plántelos en macetas, en una cajonera fría. Como alternativa, en primavera, siembre las semillas en macetas, en una cajonera fría.

Linum grandiflorum Anual resistente. Siembre a 6 mm de profundidad.

***Linum grandiflorum* 'Rubrum'** (Lino rojo) Anual resistente. Siembre a 6 mm de profundidad.

Linum narbonensis Perenne resistente. En primavera, tome esquejes de la base de 5 cm de longitud y plántelos en macetas, en una cajonera fría.

Linum perenne (Lino perenne) Perenne resistente. En primavera, tome esquejes de la base de 5 cm de longitud y plántelos en macetas, en una cajonera fría. Como alternativa, en primavera, siembre las semillas en macetas, en una cajonera fría.

Linum usitatissimum (Lino común) Anual resistente. Siembre las semillas a 6 mm de profundidad.

Liquidambar styraciflua (Árbol del ámbar) Árbol resistente de hoja caduca. En primavera, acode las ramas poco crecidas. Como alternativa, a mediados de otoño, siembre las semillas en macetas, en una cajonera fría.

Liriodendron tulipifera (Tulipífero de Virginia) Árbol resistente de hoja caduca. En primavera, acode las ramas poco crecidas. Como alternativa, a mediados de otoño, siembre las semillas en macetas, en una cajonera fría.

Lithodora diffusa (Carrasquilla azul) Perenne resistente tipo arbusto. A mediados de verano, tome esquejes con talón de 5-6 cm de longitud, de brotes laterales. Plántelos en macetas, en una cajonera fría.

Lithospermum diffusum Véase *Lithodora diffusa*.

Lobelia erinus Perenne de tipo semirresistente que suele crecer como semirresistente anual. Siembre de forma espaciada y hunda las semillas en el sustrato.

Lobularia maritima (Lobularia) Anual resistente. Siembre a 6 mm de profundidad en sus posiciones de floración. Como alternativa, cultívela como anual semirresistente y siembre a 6 mm de profundidad, bajo calor suave, a finales de invierno o a principios de primavera.

Lonicera caprifolium (Madreselva) Trepadora resistente de hoja caduca. A mediados o finales de verano, tome esquejes de 10 cm de longitud y plántelos en macetas, en una cajonera fría. Como alternativa, acode las ramas poco crecidas a finales de verano o en otoño.

Lonicera fragrantissima Arbusto resistente de hoja parcialmente perenne. A mediados o finales de verano, tome esquejes de 10 cm de longitud y plántelos en macetas, en una cajonera fría. Como alternativa, en otoño, tome esquejes de madera dura de 23 cm de longitud y plántelos en suelo bien drenado, en un vivero.

Lonicera japonica (Madreselva) Trepadora resistente de hoja caduca. A mediados o finales de verano, tome esquejes de 10 cm de longitud y plántelos en macetas, en una cajonera fría. Como alternativa, acode las ramas poco crecidas a finales de verano o en otoño.

Lonicera nitida (Madreselva) Arbusto resistente de hoja perenne. A mediados o finales de verano, tome esquejes de 10 cm de longitud y plántelos en macetas, en una cajonera fría. Como alternativa, en otoño, tome esquejes de madera dura de 23 cm de longitud y plántelos en suelo bien drenado, en un vivero.

***Lonicera nitida* 'Baggeson's Gold'** Arbusto resistente de hoja perenne. A mediados o finales de verano, tome esquejes de 10 cm de longitud y plántelos en macetas, en una cajonera fría. Como alternativa, acode las ramas poco crecidas a finales de verano o en otoño.

***Lonicera periclymenum* 'Belgica'** Arbusto resistente de hoja caduca. A mediados o finales de verano, tome esquejes de 10 cm de longitud y plántelos en macetas, en una cajonera fría. Como alternativa, acode las ramas poco crecidas a finales de verano o en otoño.

***Lonicera periclymenum* 'Serotina'** Trepadora resistente de hoja caduca. A mediados o finales de verano, tome esquejes de 10 cm de longitud y plántelos en macetas, en una cajonera fría. Como alternativa, acode las ramas poco crecidas a finales de verano o en otoño.

Lonicera standishii Arbusto resistente de hoja caduca. A mediados o finales de verano, tome esquejes de 10 cm de longitud y plántelos en macetas, en una cajonera fría. Como alternativa, en otoño, tome esquejes de madera dura de 23 cm de longitud y plántelos en suelo bien drenado, en un vivero.

Lonicera tragophylla Trepadora resistente de hoja caduca. A mediados o finales de verano, tome esquejes de 10 cm de longitud y plántelos en macetas, en una cajonera fría. Como alternativa, acode las ramas poco crecidas a finales de verano o en otoño.

Lotus hirsutus Arbusto enano semiherbáceo resistente de base leñosa. En primavera, siembre las semillas en macetas con sustrato arenoso, en una cajonera fría.

Lunaria annua (Moneda del Papa) Bienal resistente. Siembre a 12 mm de profundidad.

L ÍNDICE DE NOMBRES CIENTÍFICOS M

Lupinus arboreus

Lupinus arboreus (Lupino, Altramuz) Arbustiva perenne de corta vida. Tome esquejes de madera semidura a principios de verano y plántelos en macetas, en una cajonera fría.

Lupinus polyphyllus Herbácea perennifolia resistente. A finales de primavera o principios de verano, siembre en macetas a 12 mm de profundidad, en una cajonera fría. Sin embargo, las variedades catalogadas deben cultivarse a finales de primavera a partir de esquejes de madera blanda de 7,5-10 cm de longitud. Es preferible dejar enganchado un fragmento del rizoma. Plántelos en macetas con tierra arenosa y colóquelas en una cajonera fría.

Lychnis chalcedonica (Cruz de Malta) Herbácea perennifolia. Extraiga y divida las plantas congestionadas en primavera.

Lychnis viscaria (Cruz de Malta) Anual resistente. Siembre a 6 mm de profundidad.

Lysichiton (Aro de agua, Lisiquitón) Herbácea perennifolia resistente. En primavera, retire las plantas jóvenes de los alrededores de las matas congestionadas y plántelas en macetas individuales. Manténgalas húmedas y con sombra hasta que estén establecidas.

Lysimachia (Lisimaquia) Herbácea perennifolia resistente. Extraiga y divida las plantas congestionadas en otoño o en primavera.

Lysimachia nummularia (Lisimaquia, Hierba de la moneda) En otoño o en primavera, extraiga y divida las plantas congestionadas. Como alternativa, en primavera, corte los tallos en secciones de 7,5-10 cm de longitud y plántelos donde van a crecer las plantas.

Lythrum salicaria (Salicaria) Herbácea perennifolia. Extraiga y divida las plantas congestionadas en primavera o en otoño.

Macleaya Herbácea perennifolia. Extraiga y divida las plantas en primavera o en otoño.

Magnolia Árboles y arbustos resistentes de hoja perenne. En primavera, acode las ramas poco crecidas. Como alternativa, a mediados de verano, tome esquejes con talón de madera semidura, de 10 cm de longitud. Plántelos en sustrato arenoso en macetas, en una cajonera fría. Ponerlos bajo calor suave ayuda al enraizado. Otra manera es sembrar en macetas en una cajonera fría en otoño.

Mahonia Arbusto resistente de hoja caduca. A finales de verano, siembre las semillas de las especies cubresuelo en macetas, en una cajonera fría. Como alternativa, a mediados de verano, tome esquejes apicales de 7,5-10 cm de longitud, procedentes de brotes laterales. Plántelos en turba húmeda y arena y colóquelos bajo calor suave.

Malcolmia maritima (Alhelí) Anual resistente. Siembre a 6 mm de profundidad.

Malope trifida Anual resistente. Siembre a 6 mm de profundidad.

Malus

Malus Todos los híbridos y variedades precisan ser injertados en patrones de raíz seleccionados.

Maranta Plantas de interior o de invernadero. Divida las plantas congestionadas.

Matthiola bicornis Anual resistente. Siembre a 6 mm de profundidad.

Matthiola incana (Alhelí) Existen varias formas bien conocidas, que se deben tratar según se indica:

- **Alhelí de diez semanas:** anual resistente. Siembre a 6 mm de profundidad.
- **Alhelí de floración perpetua:** anual resistente. Siembre a 6 mm de profundidad.
- **Alhelí Brompton:** bienal resistente. Siembre a 6 mm de profundidad.
- **Alhelí East Lothian:** anual resistente o bienal resistente. Siembre a 6 mm de profundidad

Meconopsis betonicifolia (Amapola azul) Perenne resistente de corta vida. A mediados de invierno, siembre a 3 mm de profundidad. Déjelas en el exterior hasta finales de invierno y después colóquelas bajo calor suave.

Meconopsis cambrica (Amapola amarilla) Perenne resistente de corta vida. Siembre a 6 mm de profundidad en un semillero de exterior, a finales de primavera o a principios de verano.

Melissa officinalis (Melisa) Herbácea perennifolia resistente. Extraiga y divida las matas congestionadas en otoño o en primavera. Como alternativa, a mediados o a finales de primavera, siembre las semillas en un semillero de exterior.

Mentha (Menta) Herbácea perennifolia resistente. A principios de primavera, extraiga y divida las plantas congestionadas. Como alternativa, a finales de primavera o principios de verano, tome esquejes de la base de 7,5-10 cm de longitud y plántelos en macetas, en una cajonera fría.

Mimulus (Mímulo) Anual semirresistente. Siembre de forma espaciada y hunda ligeramente las semillas en el sustrato.

Mirabilis jalapa (Dondiego de noche) Perenne resistente que se suele cultivar como anual semirresistente. Siembre a 6 mm de profundidad.

M ÍNDICE DE NOMBRES CIENTÍFICOS P

Miscanthus Hierba perenne resistente. En primavera, extraiga y divida las plantas.

Molucella laevis (Campanillas de Irlanda) Anual semirresistente. Siembre a 6 mm de profundidad.

Monarda didyma

Monarda didyma (Bergamota silvestre) Herbácea perennifolia. En primavera, extraiga y divida las plantas congestionadas.

Monstera deliciosa (Costilla de Adán) Planta de interior. Desde finales de primavera a mediados de verano, haga acodo aéreo.

Montbretia crocosmiiflora Véase *Crocosmia* x *crocosmiiflora*.

Muscari armeniacum (Bulbosa resistente) Extraiga y divida las plantas congestionadas tan pronto como las hojas se vuelvan amarillas. Replante los bulbos de inmediato, para impedir que se sequen.

Myosotis sylvatica (No-me-olvides) Bienal resistente. Siembre a 6 mm de profundidad.

Myrrhis odorata (Perrifollo oloroso) Herbácea perennifolia resistente. Divida las plantas congestionadas en primavera. Como alternativa, a mediados de primavera, siembre las semillas en las posiciones de crecimiento.

Narcissus (Narciso) Bulbosa resistente. Extraiga y divida los bulbos congestionados tan pronto como las hojas se estropeen. Los bulbos con tamaño para florecer deben replantarse en otoño directamente en sus posiciones de floración, mientras que los bulbos pequeños se plantan en un vivero.

Nemesia strumosa Anual semirresistente. Siembre a 3 mm de profundidad.

Nemophila menziesii (Ojos azules) Anual resistente. Siembre a 6 mm de profundidad.

Nepeta x faassenii (Menta de gato) Herbácea perennifolia resistente. Divida las plantas congestionadas en primavera.

Nephrolepis Plantas de interior y de invernadero. Cuando tengan el tamaño suficiente, separe las plantas jóvenes y póngalas en macetas, bajo calor suave.

Nicandra physalodes (Capulí, Cimarrón) Anual resistente. Siembre a 3 mm de profundidad.

Nicotiana alata Anual semirresistente. Siembre a 3 mm de profundidad.

Nigella damascena (Arañuela) Anual resistente. Siembre a 6 mm de profundidad.

Nuphar lutea (Nenúfar amarillo) Acuática resistente. A finales de primavera o a principios de verano, extraiga y divida las matas congestionadas.

Nymphaea (Ninfea) Acuáticas resistentes. Extraiga y divida las plantas congestionadas a principios o mediados de primavera, cuando se drena el estanque. Utilice una navaja afilada y replante en varios recipientes.

Ocimum basilicum (Albahaca) Anual semirresistente. En primavera, siembre las semillas a 6 mm de profundidad, en macetas bajo calor suave. Como alternativa, a finales de primavera, siembre las semillas en sus posiciones de crecimiento.

Oenothera biennis (Onagra) Bienal resistente. Siembre a 3-6 mm de profundidad. Produce muchas plántulas autosembradas.

Oenothera trichocalyx Bienal resistente o perenne de corta vida que suele cultivarse como anual semirresistente. Siembre a 3 mm.

Olearia Arbusto de hoja perenne resistente o algo delicado. A mediados de verano, tome esquejes de madera semidura de 10 cm de longitud. Plántelos en macetas, en una cajonera fría.

Onopordum acanthium (Alcachofa borriquera) Perenne de corta vida que se suele cultivar como bienal resistente. Siembre las semillas a 6 mm de profundidad.

Origanum majorana (Mejorana) Perenne algo delicada que suele cultivarse como anual semirresistente. A finales de invierno o a principios de primavera, siembre las semillas a 3 mm de profundidad, en macetas bajo calor suave. Como alternativa, a mediados o finales de primavera, siembre las semillas a 6 mm de profundidad en el exterior.

Orontium aquaticum Acuática resistente. Extraiga y divida las plantas congestionadas en primavera y a principios de verano.

Osmanthus Arbustos resistentes de hoja perenne. En otoño, acode las ramas poco crecidas. Como alternativa, a mediados de verano tome esquejes de madera semidura de 10 cm de longitud. Plántelos en macetas, bajo calor suave.

Osmunda regalis (Helecho real) Helecho resistente de hoja caduca. En primavera, extraiga y divida las matas congestionadas.

Osteospermum ecklonis var. prostratum Perenne tipo arbusto algo delicada. A mediados de verano, tome esquejes de 5 cm de longitud de los brotes laterales. Plántelos en macetas, en una cajonera fría.

Pachysandra terminalis Arbusto resistente de hoja perenne cubresuelo, de crecimiento rápido. Extraiga y divida las plantas congestionadas y a mediados de primavera.

Paeonia delavayi var. lutea Arbusto de hoja caduca. A principios de primavera, acode las ramas poco crecidas. Como alternativa, en otoño, tome esquejes de madera dura de 15-23 cm de longitud y plántelos en una cajonera fría o en un vivero protegido.

P ÍNDICE DE NOMBRES CIENTÍFICOS P

Paeonia lactiflora Herbácea perennifolia. A principios de otoño, extraiga y divida las plantas congestionadas. Asegúrese de que cada fragmento nuevo posea yemas latentes y raíces.

Paeonia lobata Véase *Paeonia peregrina.*

Paeonia lutea Véase *Paeonia delavayi* var. *lutea.*

Paeonia moutan Véase *Paeonia suffruticosa.*

Paeonia officinalis Herbácea perennifolia. A principios de otoño, extraiga y divida las plantas congestionadas. Asegúrese de que cada fragmento nuevo posea yemas latentes y raíces.

Paeonia peregrina Herbácea perennifolia. A principios de otoño, extraiga y divida las plantas congestionadas. Asegúrese de que cada fragmento nuevo posea yemas latentes y raíces.

Paeonia suffruticosa

Paeonia suffruticosa Arbusto de hoja caduca. A principios de primavera, acode las ramas poco crecidas. Como alternativa, en otoño, tome esquejes de madera dura de 15-23 cm de longitud y plántelos en una cajonera fría o en un vivero protegido.

Papaver orientale (Amapola oriental) Herbácea perennifolia resistente. En primavera, extraiga y divida las plantas congestionadas. Como alternativa, en invierno, tome esquejes de raíz y plántelos en macetas, en una cajonera fría.

Papaver rhoeas (Amapola de campo) Anual resistente. Siembre a 6 mm de profundidad.

Papaver somniferum (Adormidera) Anual resistente. Siembre a 6 mm de profundidad.

Parrotia persica Árbol resistente de hoja caduca. En otoño, acode las ramas poco crecidas. Como alternativa, a finales de verano o en otoño, siembre las semillas en macetas, en una cajonera fría.

Parthenocissus henryana Trepadora resistente de hoja caduca. A finales de verano, tome esquejes de 10 cm de longitud, de los brotes de la temporada actual. Plántelos en macetas, bajo calor suave.

Parthenocissus tricuspidata (Parra virgen) Trepadora resistente de hoja caduca. A finales de verano, tome esquejes de 10 cm de longitud, de los brotes de la temporada actual. Plántelos en macetas, bajo calor suave.

Passiflora (Pasiflora) Trepadoras de hoja perenne algo delicadas. A mediados o a finales de verano, tome esquejes de 7,5-10 cm de longitud. Plántelos en macetas, bajo calor suave.

Pelargonium Subarbustivas delicadas. A finales de verano o principios de otoño, tome esquejes apicales de 7,5 cm de longitud. Plántelos en un invernadero sin calefacción (véase pág. 21). Como alternativa, cultive las plantas a partir de semillas, bajo calor suave, a finales de invierno o principios de primavera.

Pericallis x hybrida (Cineraria) Perenne semirresistente de invernadero. Siembre las semillas en macetas, bajo calor suave, desde primavera hasta finales de verano.

Pernettya mucronata Véase *Gaultheria mucronata.*

Perovskia atriplicifolia Perenne arbustiva resistente de hoja caduca. A mediados de verano, tome esquejes con talón de 7,5 cm de longitud. Plántelos en un sustrato mezcla a partes iguales de turba húmeda y arena fina. Colóquelos en una cajonera fría.

***Persicaria bistorta* 'Superba'** (Bistorta). Herbácea perennifolia resistente. Extraiga y divida las plantas congestionadas en otoño o en primavera.

Petroselinum crispum

Petroselinum crispum (Perejil) Bienal resistente. En primavera o a principios de verano, siembre en un semillero de exterior.

Petunia x hybrida Perenne semirresistente que se suele cultivar como anual semirresistente. Siembre las semillas espaciadas y húndalas ligeramente en el sustrato.

Phacelia campanularia Anual resistente. Siembre las semillas a 6 mm de profundidad.

Philadelphus (Celinda) Arbustos resistentes de hoja caduca. A mediados o a finales de verano, tome esquejes de madera semidura de 10 cm de longitud, de brotes de la temporada actual. Plántelos en macetas, en una cajonera fría. Como alternativa, en otoño, tome esquejes de madera dura de 25-30 cm de longitud. Plántelos verticalmente a 20 cm de profundidad en un vivero.

Philodendron scandens (Filodendro) Planta de interior o de invernadero. Acode los tallos largos.

Phlomis fruticosa Arbustiva resistente de hoja perenne. A finales de verano o principios de otoño, tome esquejes de 7,5-10 cm y plántelos en macetas, en una cajonera fría.

P **ÍNDICE DE NOMBRES CIENTÍFICOS** P

Phlomis russeliana Herbácea perennifolia resistente. En otoño o en primavera, extraiga y divida las plantas congestionadas.

Phlomis samia Herbácea perennifolia resistente. En otoño o en primavera, extraiga y divida las plantas congestionadas.

Phlox adsurgens Perenne resistente en forma de mata. A mediados de verano, tome esquejes de la base de 5 cm de longitud y plántelos en macetas, en una cajonera fría.

Phlox douglasii Especies subarbustivas resistentes. A mediados de verano, tome esquejes de la base de 5 cm de longitud y plántelos en macetas, en una cajonera fría.

Phlox drummondii Anual semirresistente. Siembre a 6 mm de profundidad.

Phlox maculata (Flox manchado) Herbácea perennifolia resistente. En otoño o en primavera, extraiga y divida las plantas congestionadas.

Phlox paniculata Herbácea perennifolia resistente. En otoño o en primavera, extraiga y divida las plantas congestionadas. Como alternativa, tome esquejes de raíz.

Phlox subulata (Flox musgoso) Especies subarbustivas resistentes. A mediados de verano, tome esquejes de la base de 5 cm de longitud y plántelos en macetas, en una cajonera fría.

Phormium tenax (Lino de Nueva Zelanda, Formio) Arbusto semirresistente de hoja perenne. En primavera, extraiga y divida las matas congestionadas. Asegúrese de que cada nueva planta tenga tres o cuatro hojas. Como alternativa, se pueden obtener nuevas plantas a partir de semillas, pero puede que no se parezcan a sus progenitoras.

Physostegia virginiana (Fisostegia) Herbácea perennifolia resistente. En otoño o en primavera, extraiga y divida las plantas congestionadas.

Picea (Abeto) Coníferas resistentes de hoja perenne. En primavera, siembre las semillas en macetas y colóquelas en una cajonera fría.

Pieris Arbustos resistentes de hoja perenne. A finales de verano, tome esquejes de madera semidura de 7,5-10 cm de longitud y plántelos en macetas. Como alternativa, a finales de otoño o en primavera siembre las semillas en macetas. También puede acodar las ramas poco crecidas en otoño.

Pimpinella anisum (Anís verde) Anual resistente. Siembre a 6 mm de profundidad.

Pinus (Pino) Coníferas resistentes de hoja perenne. En primavera, siembre las semillas en macetas. Sin embargo, las variedades y formas catalogadas no proceden de semillas.

Piptanthus laburnifolius Véase *Piptanthus nepalensis*.

Piptanthus nepalensis Acode las ramas inferiores a principios de otoño. Como alternativa, siembre las semillas en macetas, en primavera, y colóquelas en una cajonera fría. También puede tomar esquejes con talón de madera semidura, a mediados y a finales de verano, y ponerlos en una cajonera fría.

Pittosporum tenuifolium

Pittosporum tenuifolium Arbusto o árbol pequeño algo delicado, de hoja perenne. A mediados de verano, tome esquejes con talón de madera semidura, de 7,5-10 cm de longitud. Plántelos en macetas, bajo calor suave.

Platycodon grandiflorus (Campana china) Herbácea perennifolia. Extraiga y divida las plantas congestionadas en primavera.

***Plectranthus coleoides* 'Marginatus'** (Incienso) Acode los tallos largos.

Polemonium Extraiga y divida las plantas congestionadas en primavera o en otoño.

Polygonatum x hybridum (Lágrimas de David, Sello de Salomón) Herbácea perennifolia. Extraiga y divida las plantas congestionadas en primavera o en otoño.

Polygonum affine Herbácea perennifolia. Extraiga y divida las plantas congestionadas en primavera o en otoño.

Polygonum baldschuanicum Véase *Fallopia baldschuanica*.

***Polygonum bistorta* 'Superbum'** Véase *Persicaria bistorta* 'Superba'.

Pontederia cordata (Pontederia, Espina de agua) Herbácea perennifolia. Extraiga y divida las plantas congestionadas a finales de primavera.

Portulaca grandiflora (Verdulaga de flor, Flor de seda) Anual semirresistente. Siembre a 3 mm de profundidad.

***Potentilla atrosanguinea*, híbridos** Herbácea perennifolia. Extraiga y divida las plantas congestionadas en primavera o en otoño.

Potentilla fruticosa (Cincoenrama) Arbusto de hoja caduca. Tome esquejes de 7,5 cm de longitud, procedentes de brotes de la temporada actual. Plántelos en sustrato mezcla a partes iguales de turba húmeda y arena fina y coloque en una cajonera fría.

Primula Incluye una amplia gama de perennes resistentes y semirresistentes; algunas se cultivan en interior y otras en exterior.

Primulas de interior

- ***P. kewensis*** Perenne de invernadero. A finales de primavera o principios de verano, siembre las semillas en macetas, en una cajonera fría o en un invernadero sin calefacción. No cubra apenas las semillas.
- ***P. malacoides*** (Prímula) Perenne de invernadero que se suele cultivar como anual de invernadero. Desde finales de primavera hasta mediados de verano, siembre las semillas en macetas, en una cajonera fría o en un invernadero sin calefacción. No cubra apenas las semillas.

P ÍNDICE DE NOMBRES CIENTÍFICOS P

- ***P. obconica*** Perenne de invernadero que se suele cultivar como anual. Desde primavera hasta principios de verano, siembre las semillas a 3 mm de profundidad en macetas, bajo calor suave.

- ***P. sinensis*** Perenne de invernadero que se suele cultivar como anual de invernadero. Desde finales de primavera hasta mediados de verano, siembre las semillas en macetas, en una cajonera fría o en un invernadero sin calefacción. No cubra apenas las semillas.

Prímulas de exterior

- ***P. denticulata*** Perenne resistente. En primavera, siembre las semillas en macetas, en una cajonera fría. No cubra apenas las semillas. Como alternativa, tome esquejes de raíz.

- ***P. florindae*** Perenne resistente. En primavera, siembre las semillas en macetas, en una cajonera fría. No cubra apenas las semillas.

- ***P. japonica*** Perenne resistente. En primavera, siembre las semillas en macetas, en una cajonera fría. No cubra apenas las semillas.

- ***P.* Pruhonicensis, híbridos** Perenne resistente. A finales de invierno o principios de primavera, siembre las semillas a 3 mm de profundidad, en macetas bajo calor suave. Como alternativa, siembre las semillas a finales de primavera en un semillero de exterior.

- ***P. pulverulenta*** Perenne resistente. En primavera, siembre las semillas en macetas, en una cajonera fría. No cubra apenas las semillas.

- ***P. rosea*** Perenne resistente. En primavera, siembre las semillas en macetas, en una cajonera fría. No cubra apenas las semillas.

- ***P. vialii*** Perenne resistente. En primavera, siembre las semillas superficialmente en macetas, en una cajonera fría.

- ***P. vulgaris*** (Primavera) Perenne resistente. A finales de invierno o en primavera, siembre las semillas a 3 mm de profundidad, en macetas bajo calor suave. Como alternativa, siembre las semillas a finales de primavera en un semillero de exterior.

Prunella (Acentor) Herbácea perennifolia resistente. Extraiga y divida las plantas congestionadas en otoño o en primavera.

***Prunus*, Almendro** Árbol resistente de hoja caduca. Injerte en patrones de raíz.

***Prunus*, Albaricoquero** Árbol resistente de hoja caduca. Injerte en patrones de raíz seleccionados.

Cerezo

***Prunus*, Cerezo** Árbol resistente de hoja caduca. Injerte en patrones de raíz seleccionados.

***Prunus*, Ciruelo damasceno** Árbol resistente de hoja caduca. Injerte en patrones de raíz seleccionados.

***Prunus*, Cerezo japonés** Árboles y arbustos resistentes de hoja caduca. En primavera, injértelos en patrones de *P. avium*.

***Prunus*, Nectarino** Árbol resistente de hoja caduca. Injerte en patrones de raíz seleccionados.

***Prunus*, Melocotonero** Árbol resistente de hoja caduca. Injerte en patrones de raíz seleccionados.

***Prunus*, Ciruelo** Árbol resistente de hoja caduca. Injerte en patrones de raíz seleccionados.

Prunus cerasifera (Ciruelo rojo) Árbol resistente de hoja caduca. A mediados de verano, tome esquejes de madera semidura de 7,5-10 cm de longitud y plántelos en macetas, bajo calor suave. Como alternativa, acode las ramas poco crecidas en primavera.

Prunus glandulosa Arbusto resistente espeso y enano. Acode las ramas poco crecidas en primavera.

Prunus incisa Árbol de hoja caduca con hábito arbustivo. A mediados de verano, tome esquejes de madera semidura de 7,5-10 cm de longitud y plántelos en macetas, bajo calor suave.

Prunus laurocerasus (Laurel cerezo) Arbusto de hoja perenne. A finales de verano o a principios de primavera, tome esquejes con talón de 7,5-10 cm de longitud. Plántelos en macetas, en una cajonera fría.

Prunus lusitanica (Loro, Palo loro) Arbusto de hoja perenne. A finales de verano o a principios de primavera, tome esquejes con talón de 7,5-10 cm de longitud. Plántelos en macetas, en una cajonera fría.

Prunus padus (Cerezo de racimo) Árbol resistente de hoja caduca. En primavera, acode las ramas inferiores.

Prunus spinosa (Endrino) Arbusto resistente de hoja caduca con serpollos. A mediados de verano, tome esquejes de madera semidura, de 7,5-10 cm de longitud y plántelos en macetas, bajo calor suave.

Prunus subhirtella Árbol resistente de hoja caduca. A mediados de verano, tome esquejes de madera semidura, de 7,5-10 cm de longitud y plántelos en macetas, bajo calor suave.

Prunus tenella (Almendro enano) Arbusto resistente de hoja caduca. En otoño, saque y replante las ramas tipo serpollo.

Pulmonaria officinalis (Pulmonaria) Herbácea perennifolia resistente. Extraiga y divida las plantas congestionadas en otoño o en primavera.

Pulsatilla vulgaris (Anémona de los bosques) Herbácea perennifolia resistente. A mediados de verano, siembre las semillas en macetas, en una cajonera fría.

P ÍNDICE DE NOMBRES CIENTÍFICOS S

Pyracantha

Pyracantha (Espino de fuego) Arbusto resistente de hoja perenne. A mediados o a finales de verano tome esquejes de 7,5-10 cm de longitud y plántelos en macetas, bajo calor suave.

Pyrethrum roseum Véase *Tanacetum coccineum.*

Ramonda myconi Planta de jardín de roca, perenne y con rosetas. A principios y a mediados de verano, tome esquejes de hoja. Saque una hoja de la planta, asegurándose de que quede una yema en la base, y plántela ligeramente inclinada en una maceta. Colóquela en una cajonera fría.

Ramonda pyrenaica Véase *Ramonda myconi.*

Reseda odorata (Reseda) Anual resistente. Siembre a 3 mm de profundidad.

Rhododendron Árboles y arbustos mayoritariamente resistentes, de hoja caduca o perenne:

- **Azaleas** de hoja caduca. Utilice el injerto o el acodo.
- **Azaleas de hoja perenne** Tome esquejes a mediados o a finales de verano y plántelos en macetas, en una cajonera fría.
- **Especies de hojas grandes** Acode las ramas en crecimiento en cualquier momento. Como alternativa, siembre las semillas a finales de invierno en macetas, bajo calor suave.
- **Híbridos resistentes** Tome esquejes o injerte.

Rhus typhina (Zumaque) Arbusto resistente de hoja caduca. En primavera, acode las ramas poco crecidas. Algunas especies de *Rhus* producen serpollos que deben sacarse en otoño o en primavera y plantarse en sus posiciones definitivas de crecimiento. Como alternativa, a mediados o a finales de verano, tome esquejes con talón de 10-13 cm de longitud y plántelos en macetas, bajo calor suave, o tome esquejes de raíz.

Ribes (Grosellero) Arbustos resistentes o semirresistentes de hoja caduca o perenne:

- **Especies de hoja caduca** En otoño, tome esquejes de madera dura de 25 cm de longitud y plántelos en un vivero.
- **Especies de hoja perenne** (*Ribes laurifolium*) A principios de otoño, tome esquejes de 7,5-10 cm de longitud y plántelos en macetas, en una cajonera fría.

Rodgersia Especies herbáceas resistentes. En primavera, extraiga y divida las plantas congestionadas.

Romneya coulteri (Amapola mexicana) Arbusto resistente semileñoso con tallos de tipo herbáceo. A finales de invierno o principios de primavera, siembre las semillas a 3-6 mm de profundidad en macetas, bajo calor suave. Como alternativa, tome esquejes de 7,5 cm de longitud a finales de verano y póngalos bajo calor suave. A veces, salen ramas de tipo serpollo de las bases de los arbustos, que pueden extraerse y replantarse en primavera.

Rosa (Rosales) Arbustos y trepadoras resistentes de hoja caduca. Se reproducen por semillas, esquejes y mediante injertos.

- **Semillas** Sólo las especies provienen verdaderamente de semillas y, por tanto, sólo si se polinizan manualmente.
- **Esquejes** Es mejor reservarlos para rosales miniatura, arbustivos, especies verdaderas y sus híbridos y algunas trepadoras.
- **Injertos** Se utilizan principalmente para los rosales híbridos de Té y los Floribunda.

Rosmarinus officinalis (Romero) Arbusto resistente de hoja perenne. A mediados de verano, tome esquejes de 7,5-10 cm de longitud plántelos en macetas en una cajonera fría.

Rubus (Zarzas) Arbustos resistentes, erectos o trepadores, de hoja caduca o perenne. En otoño o en primavera, extraiga y divida las matas congestionadas. Como alternativa, a finales de verano o principios de otoño, tome esquejes de madera semidura de 7,5-10 cm de longitud y plántelos en macetas, en una cajonera fría.

Rudbeckia fulgida (Rudbequia) Herbácea perennifolia resistente. En otoño o primavera, extraiga y divida las matas congestionadas.

Rudbeckia hirta (Rudbequia) Anual resistente. Siembre a 6 mm de profundidad. Como alternativa, cultívela como anual semirresistente y siémbrela a 3 mm de profundidad.

Ruta graveolens (Ruda) Arbusto resistente de hoja perenne. A finales de verano, tome esquejes de 7,5-10 cm de longitud de los brotes laterales y plántelos en macetas, en una cajonera fría. Como alternativa, cultive a partir de semillas.

Saintpaulia ionantha (Violeta africana) Planta de interior o de invernadero. Desde principios de verano hasta principios de otoño, tome esquejes de hoja y plántelos en macetas, bajo calor suave. Como alternativa, arraigue esquejes de hoja con pecíolo en agua o en sustrato (véanse págs. 21 y 25) o divida (véase pág. 31).

Salix (Sauce) Arbustos y árboles resistentes de hoja caduca. Desde mediados de otoño a principios de primavera, tome esquejes de madera dura de 23-28 cm de longitud. Plántelos verticalmente en un vivero.

Salpiglossis sinuata Anual semirresistente. Siembre a 3 mm de profundidad.

Salvia horminum Véase *Salvia viridus.*

Salvia officinalis (Salvia) Arbusto delicado de hoja perenne, de vida relativamente corta. A finales de verano, tome esquejes con talón de 7,5 cm de longitud y plántelos en macetas, en una cajonera fría.

S ÍNDICE DE NOMBRES CIENTÍFICOS S

Salvia patens Perenne semirresistente que se suele cultivar como anual semirresistente. Siembre a 6 mm de profundidad.

Salvia sclarea (Salvia romana) Bienal resistente que se suele cultivar como anual. Siembre a 6 mm de profundidad.

Salvia splendens (Salvia roja) Perenne semirresistente que se suele cultivar como anual semirresistente. Siembre a 6 mm de profundidad.

Salvia viridus Anual resistente. Siembre a 6 mm de profundidad.

Sambucus (Saúco) Arbustos y árboles pequeños resistentes, de hoja caduca. A finales de otoño, tome esquejes de madera dura de 25-30 cm de longitud y plántelos verticalmente en un vivero. Como alternativa, a mediados o finales de verano, tome esquejes con talón de madera semidura de 10-13 cm de longitud. Plántelos en macetas, en una cajonera fría.

Sansevieria trifasciata (Lengua de tigre) Planta de interior o de invernadero. En verano, separe las ramas tipo serpollo de alrededor de las plantas y plante en macetas, bajo calor suave. Como alternativa, tome esquejes de hoja (véase pág. 27). Divida la forma con borde amarillo, *S. trifasciata* var. *laurentii* (véase pág. 31).

Santolina Arbustos resistentes de hoja perenne. Desde mediados de verano hasta principios de otoño, tome esquejes de madera semidura de los brotes laterales. Plántelos en macetas, en una cajonera fría.

Satureja hortensis (Tomillo) Anual resistente. Siembre a 6 mm de profundidad.

Satureja montana (Ajedrea, Hisopillo) Perenne resistente de hoja casi perenne. Reprodúzcala como anual resistente. Como alternativa, en primavera, tome esquejes de 5 cm de longitud de brotes laterales y plántelos en macetas en una cajonera fría. Extraiga y divida las plantas en primavera.

Saxifraga Amplia variedad de plantas, la mayoría resistentes y que forman rosetas. A finales de primavera o a principios de verano, separe las rosetas no florecidas y plante en macetas, bajo calor suave.

Saxifraga sarmentosa Véase *Saxifraga stolonifera.*

Saxifraga stolonifera (Saxífraga) Perenne delicada que se suele cultivar en interiores o en maceteros colgantes. A principios de verano, separe las rosetas jóvenes, plántelas en sustrato y coloque bajo calor suave. Como alternativa, ponga la planta madre en la posición central y fije las rosetas con estacas en macetas con sustrato. Separe los tallos cuando arraiguen.

Scabiosa atropurpurea (Escabiosa) Anual resistente. Siembre a 12 mm de profundidad.

Schefflera actinophylla (Cheflera) Planta de interior o de invernadero. A finales de verano o principios de primavera, siembre las semillas en macetas, bajo calor suave.

Schefflera arboricola (Árbol del pulpo) Planta de interior o de invernadero. A finales de verano o principios de primavera, siembre las semillas en macetas, bajo calor suave.

Schefflera elegantissima Planta de interior o de invernadero. A finales de verano o principios de primavera, siembre las semillas en macetas, bajo calor suave. Como alternativa, tome esquejes de tallo en primavera, aunque el enraizado es difícil.

Schizanthus pinnatus (Planta de la mariposa) Anual semirresistente. Siembre a 3 mm de profundidad.

Schizophragma Trepadoras resistentes de hoja caduca. A mediados o finales de verano, tome esquejes de madera semidura de 7,5-10 cm de longitud y plántelos en macetas, bajo calor suave. Como alternativa, acode las ramas poco crecidas en otoño.

Schizostylis Herbácea perennifolia algo delicada. En primavera, extraiga y divida las plantas congestionadas.

Scilla Bulbosa resistente. Extraiga y divida las matas congestionadas cuando las hojas se estropeen. Divida y replante de inmediato.

***Sedum* 'Autumn Joy'** Herbácea perennifolia resistente. Extraiga y divida las plantas congestionadas en otoño o en primavera.

***Sedum* 'Herbstfreude'** Véase *Sedum* 'Autumn Joy'.

Sedum sieboldii Planta de interior o de invernadero. Saque y arraigue las hojas pequeñas.

***Sedum sieboldii* 'Mediovariegatum'** Planta de interior o de invernadero. Saque y arraigue las hojas pequeñas.

Sempervivum

Sempervivum (Siempreviva) Suculenta resistente o semirresistente, con rosetas, de hoja perenne. En primavera, separe los bulbos reproductores arraigados y plántelos directamente en sus lugares de crecimiento o, si son pequeños, en macetas, en una cajonera fría. Como alternativa, a principios de primavera, siembre las semillas en macetas, en una cajonera fría.

Senecio bicolor Véase *Senecio cineraria.*

Senecio cineraria Perenne semirresistente, que se cultiva en primavera, en invernadero. Siembre a 3 mm de profundidad.

Senecio cruentus Véase *Pericallis* x *hybrida.*

Senecio* x *hybridus Véase *Pericallis* x *hybrida.*

***Senecio macroglossus* 'Variegatus'** (Hiedra del Cabo) Planta de interior o de invernadero. Tome esquejes de tallo.

Senecio maritimus Véase *Senecio cineraria.*

S ÍNDICE DE NOMBRES CIENTÍFICOS T

***Senecio* 'Sunshine'** Véase *Brachyglottis* 'Sunshine'.

Setcreasea pallida Véase *Tradescantia pallida.*

Sidalcea malviflora Herbácea perennifolia resistente. Extraiga y divida las matas congestionadas en primavera.

***Sinningia speciosa* (Gloxinia)** Planta de interior o de invernadero. Tome esquejes de hojas transversales y arráiguelos.

Sisyrinchium Herbáceas perennifolias resistentes. Extraiga y divida las plantas congestionadas en primavera o en otoño. Como alternativa, en primavera o en otoño, siembre las semillas en macetas, en una cajonera fría.

Solanum crispum Trepadora algo delicada de hoja semiperenne. A mediados o a finales de verano, tome esquejes de 7,5-10 cm de longitud, de los brotes laterales. Plántelos en macetas, bajo calor suave.

Solanum jasminoides Véase *Solanum laxum.*

Solanum laxum (Jazmín de la selva) Trepadora algo delicada de hoja semiperenne. A mediados o a finales de verano, tome esquejes de 7,5-10 cm de longitud, de los brotes laterales. Plántelos en macetas, bajo calor suave.

Solenostemon scutellarioides Perenne de invernadero. Siembre a 3 mm de profundidad.

***Solidago* híbridos** Herbáceas perennifolias resistentes. Extraiga y divida las plantas congestionadas en primavera o en otoño.

Spartium junceum (Retama de olor) Arbusto resistente de hoja caduca. A principios o a finales de primavera, siembre las semillas en macetas, en una cajonera fría.

Spathiphyllum wallisii Planta de interior o de invernadero. En primavera, divida las plantas congestionadas (véase pág. 31).

***Spiraea* 'Arguta'** (Espirea) Arbusto resistente de hoja caduca. A mediados de verano, tome esquejes de la temporada actual de 7,5-10 cm de longitud. Plántelos en macetas, en una cajonera fría.

Spiraea* x *bumalda Véase *Spiraea japonica* 'Bumalda'.

Spiraea japonica Arbusto resistente de hoja caduca. Extraiga y divida las plantas congestionadas en primavera o en otoño. A mediados de verano, tome esquejes de la temporada actual de 7,5-10 cm de longitud. Plántelos en macetas, en una cajonera fría.

***Spiraea japonica* 'Bumalda'** Arbusto resistente de hoja caduca. Extraiga y divida las plantas congestionadas en primavera o en otoño. A mediados de verano, tome esquejes de la temporada actual de 7,5-10 cm de longitud. Plántelos en macetas, en una cajonera fría.

Spiraea thunbergii Arbusto resistente de hoja caduca. A mediados de verano, tome esquejes de la temporada actual de 7,5-10 cm de longitud. Plántelos en macetas, en una cajonera fría.

Stachys byzantina (Oreja de liebre) Herbáceas perennifolias resistentes. Extraiga y divida las plantas congestionadas en primavera o en otoño.

Stachys lanata Véase *Stachys byzantina.*

Stachys olympica Véase *Stachys byzantina.*

Stenotaphrum secundatum (Hierba de San Agustín) Planta de interior o de invernadero. Divida las plantas congestionadas.

***Stenotaphrum secundatum* 'Variegatum'** Planta de interior o de invernadero. Divida las plantas congestionadas.

Streptocarpus* x *hybridus Planta de interior o de invernadero. Desde finales de primavera hasta mediados de verano, tome esquejes de hoja, plántelos en macetas amplias y colóquelas bajo calor suave. Como alternativa, divida las plantas congestionadas en primavera.

Symphoricarpos (Bola de nieve) Arbustos resistentes de hoja caduca. En otoño o en primavera, saque los tallos enraizados y replántelos en sus lugares de crecimiento o en un vivero. Como alternativa, en otoño o a finales de invierno, tome esquejes de madera dura de 20-25 cm y plántelos en un vivero.

Symphytum grandiflorum Herbácea perennifolia resistente. Extraiga y divida las plantas congestionadas en primavera o en otoño.

Syringa* x *chinensis Arbusto resistente de hoja caduca. A mediados de verano, tome esquejes con talón de 7,5 cm de longitud y plántelos en macetas, en una cajonera fría.

***Syringa meyeri* 'Palibin'** Arbusto resistente de hoja caduca. A mediados de verano, tome esquejes con talón de 7,5 cm de longitud y plántelos en macetas, en una cajonera fría.

***Syringa pubescens* subsp. *microphylla* 'Superba'** Arbusto resistente de hoja caduca. A mediados de verano, tome esquejes con talón de 7,5 cm de longitud y plántelos en macetas, en una cajonera fría.

Syringa vulgaris

Syringa vulgaris (Lilo) Arbusto o árbol pequeño resistente, de hoja caduca. Para asegurar el parecido con la planta madre se injertan las variedades a mediados de verano. Como alternativa, a mediados de verano, tome esquejes con talón de 7,5 cm de longitud y plántelos en macetas, en una cajonera fría.

T ÍNDICE DE PLANTAS DE LA A A LA Z V

Tagetes erecta (Clavel de moro) Anual semirresistente. Siembre a 6 mm de profundidad.

Tagetes patula (Nana) Anual semirresistente. Siembre a 6 mm de profundidad.

Tagetes tenuifolia (Clavel de Indias) Anual semirresistente. Siembre a 6 mm de profundidad.

Tamarix (Tamarindo) Arbustos resistentes de hoja caduca. En otoño, tome esquejes de madera dura de 23-25 cm de longitud y plántelos en un vivero.

Tanacetum coccineum Herbácea perennifolia resistente. Siembre a 6 mm de profundidad. Como alternativa, en primavera, extraiga y divida las plantas.

Tanacetum parthenium (Tanaceto) Perenne resistente de corta vida que se suele cultivar como anual semirresistente. Siembre a 3 mm de profundidad.

Tanacetum ptarmiciflorum (Margarita plateada) Perenne semirresistente que se suele cultivar como anual semirresistente. Siembre a 6 mm de profundidad.

Tanacetum vulgare (Tanaceto) Perenne resistente. Extraiga y divida las plantas congestionadas en otoño o en primavera.

Taxodium distichum (Ciprés de los pantanos) Conífera resistente de hoja caduca. En primavera, siembre las semillas en macetas, en una cajonera fría.

Taxus baccata (Tejo) Conífera resistente de hoja perenne. A finales de verano, tome esquejes con talón de 7,5 cm de longitud y plántelos en macetas, en una cajonera fría.

Thalictrum aquilegiifolium (Talictro) Herbácea perennifolia resistente. Extraiga y divida las plantas en primavera.

Thuja plicata Conífera resistente de hoja perenne. A finales de verano, tome esquejes apicales de 7,5 cm de longitud y plántelos en macetas, en una cajonera fría.

Thunbergia alata Anual semirresistente. Siembre a 6 mm de profundidad.

Thymus (Tomillo) Arbusto resistente de hoja perenne, alfombrado. En primavera o a finales de verano, extraiga y divida las plantas congestionadas. Como alternativa, a mediados de verano, tome esquejes con talón de 5 cm de longitud y plántelos en macetas, en una cajonera fría.

Tiarella cordifolia Perenne resistente cubresuelo. Divida las plantas congestionadas en otoño o en primavera.

Tiarella wherryi Perenne resistente cubresuelo. Siembre a 3-6 mm de profundidad en primavera y coloque en una cajonera fría.

Tolmiea menziesii (Tolmiea) Perenne resistente de hoja perenne que crece en exterior o como planta de interior. Separe las hojas con plántulas y fíjelas con estacas en la superficie del sustrato. Más tarde, separe las plántulas arraigadas y trasplántelas a macetas, de una en una.

Trachelium caeruleum (Flor de la viuda) Bienal resistente que suele crecer como anual semirresistente. Siembre a 3 mm de profundidad.

Trachelospermum Arbustos trepadores resistentes de hoja perenne. A mediados o a finales de verano, tome esquejes de 7,5-10 cm de longitud, de brotes laterales. Plántelos en macetas, bajo calor suave.

Trachycarpus fortunei (Palmito elevado) Palmera de hoja perenne. A finales de primavera, separe los serpollos grandes de la base de la planta y póngalos en macetas con un sustrato de marga. Colóquelos bajo calor suave hasta que arraiguen y después trasplántelos a un vivero.

Tradescantia albiflora Véase *Tradescantia fluminensis*.

Tradescantia x andersoniana Herbácea perennifolia resistente. Extraiga y divida las plantas congestionadas en primavera.

Tradescantia fluminensis (Amor de hombre) Planta de interior o de invernadero. Desde finales de primavera hasta principios de otoño, plante los esquejes apicales en macetas.

Tradescantia pallida Planta de interior o de invernadero. En verano, tome esquejes de la base de 7,5-10 cm de longitud y plántelos en macetas, bajo calor suave.

Tradescantia virginiana Herbácea perennifolia resistente. Extraiga y divida las plantas congestionadas en primavera.

Trillium Perennes resistentes rizomatosas. Extraiga y divida las matas cuando las hojas se estropeen, a finales de verano y hasta principios de primavera.

Trollius x cultorum Herbácea perennifolia resistente. Extraiga y divida las plantas congestionadas en otoño o en primavera.

Tropaeolum majus (Capuchino, Taco de reina) Anual resistente. Siembre a 12 mm de profundidad.

Tropaeolum peregrinum Perenne semirresistente que suele crecer como anual resistente. Siembre a 12 mm de profundidad. Como alternativa, trátela como anual semirresistente y siembre las semillas a 12 mm de profundidad.

Tropaeolum speciosum Trepadora perenne resistente de hoja caduca. En primavera, divida las plantas congestionadas.

Tulipa (Tulipa, Tulipán) Bulbosa resistente. Extraiga los bulbos tan pronto como se marchiten las flores y póngalos en un cobertizo protegido de bichos. Cuando los tallos y las hojas hayan muerto, ponga los bulbos en cajas secas y almacénelos en un cobertizo seco y aireado hasta otoño.

Ulex europaeus (Tojo) Arbusto espinoso resistente de hoja perenne. A principios de otoño, tome esquejes de 7,5 cm de longitud y plántelos en macetas, en una cajonera fría. Como alternativa, siembre las semillas a mediados de primavera en macetas.

Ursinia anethoides Perenne semirresistente que suele crecer como anual semirresistente. Siembre a 3 mm de profundidad.

Verbascum blattaria Bienal resistente. En primavera, siembre las semillas en macetas, en una cajonera fría. Como alternativa, tome esquejes de raíz.

V ÍNDICE DE PLANTAS DE LA A A LA Z Z

Verbascum bombyciferum Bienal resistente. En primavera, siembre las semillas en macetas, en una cajonera fría. Como alternativa, tome esquejes de raíz.

Verbascum densiflorum (Gordolobo) Perenne resistente que suele crecer como bienal resistente. En primavera, siembre las semillas en macetas, en una cajonera fría. Como alternativa, tome esquejes de raíz.

Verbascum dumulosum Perenne subarbustiva. A principios o mediados de verano, tome esquejes de talón de 5 cm de longitud y plántelos en macetas, en una cajonera fría. Como alternativa, tome esquejes de raíz.

***Verbascum* 'Letitia'** Arbustiva resistente. A principios o mediados de verano, tome esquejes de talón de 5 cm de longitud y plántelos en macetas, en una cajonera fría. Como alternativa, tome esquejes de raíz.

Verbascum phlomoides (Verbasco) Bienal resistente. En primavera, siembre las semillas en macetas, en una cajonera fría. Como alternativa, tome esquejes de raíz.

Verbascum phoeniceum Perenne o bienal resistente. En primavera, siembre las semillas en macetas, en una cajonera fría. Como alternativa, cultívela como anual semirresistente o tome esquejes de raíz.

Verbascum spinosum Perenne subarbustiva. A principios o mediados de verano, tome esquejes de talón de 5 cm de longitud y plántelos en macetas, en una cajonera fría. Como alternativa, tome esquejes de raíz.

Verbascum thapsiforme Véase *Verbascum densiflorum*.

Verbascum thapsus (Gordolobo) Bienal resistente. En primavera, siembre las semillas en macetas, en una cajonera fría. Como alternativa, tome esquejes de raíz.

Verbena Véase *Verbena* x *hybrida.*

Verbena* x *hybrida (Verbena) Perenne semirresistente que suele crecer como anual semirresistente. Siembre a 3 mm de profundidad.

Veronica Amplia variedad de plantas que incluyen anuales y herbáceas perennifolias para jardines rocosos y parterres. En primavera, extraiga y divida los tipos herbáceos para parterre. Para las especies de jardín rocoso, a mediados o finales de verano, tome esquejes de 5 cm de longitud de brotes laterales. Las de tipo no invasivo pueden dividirse en primavera.

Viburnum Arbustos resistentes de hoja perenne o caduca. A mediados de verano, tome esquejes de 7,5-10 cm de longitud, preferiblemente con talón, de brotes de la temporada actual. Plántelos en macetas con sustrato mezcla a partes iguales de turba húmeda y arena fina y colóquelos bajo calor suave. Como alternativa, acode las ramas poco crecidas a finales de verano.

Vinca major (Hierba doncella) Arbusto resistente de crecimiento rápido de hoja perenne. Los tallos colgantes se arraigan en el suelo de forma natural y se pueden separar en primavera. Como alternativa, extraiga y divida las plantas congestionadas en otoño o en primavera. Replántelas en sus lugares de crecimiento.

Vinca minor (Vinca, Violeta de asno) Arbusto resistente de crecimiento rápido de hoja perenne. Los tallos colgantes se arraigan en el suelo de forma natural y se pueden separar en primavera. Como alternativa, extraiga y divida las plantas congestionadas en otoño o en primavera. Replántelas en sus lugares de crecimiento.

Viola* x *wittrockiana (Pensamiento, Trinitaria) Bienal resistente. Siembre a 6 mm de profundidad.

Vitis coignetiae (Viña ornamental) Trepadora resistente de hoja caduca. En otoño, acode los tallos de un año de edad.

Vitis vinifera (Vid) Trepadora resistente de hoja caduca. A mediados o finales de verano, tome esquejes con talón de madera semidura de 10-13 cm de longitud y plántelos en macetas, bajo calor suave.

***Weigela,* híbridos** Arbusto resistente de hoja caduca. En otoño, tome esquejes de madera dura de 25-30 cm de longitud y plántelos verticalmente en un vivero.

Wisteria floribunda (Glicina del Japón) Trepadora resistente de hoja caduca. A mediados de verano, tome esquejes de 7,5-10 cm de longitud y plántelos en macetas, bajo calor suave.

Wisteria sinensis (Glicina) Trepadora resistente de hoja caduca. A mediados de verano, tome esquejes de 7,5-10 cm de longitud y plántelos en macetas, bajo calor suave. Además, acode las ramas poco crecidas a finales de primavera.

Xerochrysum bracteatum Perenne semirresistente que se cultiva como anual semirresistente. Siembre a 3 mm de profundidad. Como alternativa, en primavera, siembre a 6 mm de profundidad en el lugar donde van a crecer y florecer.

Yucca filamentosa (Falsa palmera) Arbusto algo delicado de hoja perenne. En primavera, separe los serpollos enraizados y plántelos en sus lugares de crecimiento. Los serpollos pequeños se pueden plantar en un vivero antes de plantarlos en un parterre. Como alternativa, tome esquejes de caña.

Yucca gloriosa Arbusto algo delicado de hoja perenne. En primavera, separe los serpollos enraizados y plántelos en sus lugares de crecimiento. Los serpollos pequeños se pueden plantar en un vivero antes de plantarlos en un parterre. Como alternativa, tome esquejes de caña.

Yucca recurvifolia Arbusto algo delicado de hoja perenne. En primavera, separe los serpollos enraizados y plántelos en sus lugares de crecimiento. Los serpollos pequeños se pueden plantar en un vivero antes de plantarlos en un parterre. Como alternativa, tome esquejes de caña.

***Zantedeschia aethiopica* 'Crowborough'** (Patos, Lirio de agua) Perenne semirresistente, de hoja caduca y raíces rizomatosas. Extraiga y divida las plantas congestionadas en primavera.

Zinnia elegans Anual de tipo semirresistente. Siembre a 6 mm de profundidad. Como alternativa, cultívela como anual resistente. Siembre a 6-12 mm de profundidad.

Glosario

Acodo Método para favorecer el enraizado de tallos, ya sea en plantas de invernadero o de interior.

Acodo aéreo Método para favorecer el enraizado de tallos. Se suele utilizar para plantas de interior, como *Ficus elastica* (Higuera del caucho).

Acodo apical Método para favorecer el enraizado de las puntas de las ramas.

Acodo "Gootee" También conocido como "Marcottage". Se usa para favorecer el enraizado de tallos, sobre todo en arbustos y árboles.

Antera Parte masculina de la flor que produce el polen.

Anual Planta que crece a partir de semillas, florece y muere en el transcurso de un año.

Anuales resistentes Plantas que se siembran directamente en sus lugares de floración, en exterior.

Anuales semirresistentes Plantas que se cultivan al principio bajo calor suave y que después se plantan en el exterior, cuando el tiempo mejora y desaparece el peligro de heladas.

Arena de río Arena para horticultura muy fina que ha sido limpiada.

Asexual No sexual. Término referido a la reproducción de plantas mediante métodos vegetativos, como los esquejes, la división, los injertos y los injertos de escudete.

Bandeja para semillas Bandeja de base plana que se utiliza para sembrar semillas y trasplantar las plántulas.

Bienal Planta que realiza su crecimiento a lo largo de un año y florece y muere durante el siguiente.

Bulbillos Pequeños bulbos inmaduros que se forman alrededor de las bases de algunos bulbos más grandes. Se pueden separar y sembrar, así como favorecer el enraizado. Algunas hojas también producen bulbillos.

Calor de fondo Calor suministrado por debajo, para favorecer el enraizado.

Cámbium Tejido vegetal situado justo debajo de la corteza de una planta leñosa. Cuando se hace un injerto, el cámbium de ambas partes debe quedar unido.

Clon Planta que se reproduce vegetativamente a partir de otra y, por tanto, idéntica a ésta.

Cuadrados de hoja Pequeños cuadrados que se obtienen cortando una hoja y que se pueden enraizar.

División Método de reproducción vegetativa en el que se dividen las raíces.

Entresacado Proceso que consiste en sacar plántulas congestionadas para dejar las más sanas espaciadas.

Espora Pequeñas unidades reproductoras que se encuentran en la cara inferior de las frondas de los helechos. Para reproducirlos a partir de esporas, siémbrelas en un sustrato esterilizado con agua caliente, cúbralas con film adherente, colóquelas en un lugar con calor suave y pulverice la superficie regularmente con agua.

Esqueje Método de reproducción vegetativa en el que se separa una rama de una planta madre y se favorece el enraizado.

Esqueje "Ti-log" Esqueje formado por tallos, sin hojas, introducidos verticalmente en sustrato, para favorecer el enraizado.

Esqueje apical Esqueje de madera blanda formado por una punta en crecimiento, un trozo de tallo y unas cuantas hojas.

Esqueje con talón Esqueje, habitualmente de madera semidura, con un poco de madera vieja en la base.

Esqueje de caña Esqueje formado por tallos, sin hojas, que se separan de la planta madre y que se pueden plantar en sustrato verticalmente o bien hundirse en la superficie de éste.

Esqueje de hoja con pecíolo Esqueje formado por una hoja y su tallo.

Esqueje de madera semidura Esqueje formado por ramas que han madurado parcialmente. También se denomina esqueje de madera semimadura.

Esqueje de raíz Método de reproducción consistente en separar las raíces y plantarlas en sustrato.

Esqueje de tallo con hoja Esqueje formado por un trozo de tallo con hoja.

Esqueje de yema Método de reproducción de vides.

Estratificación Conservación de las semillas a una temperatura concreta durante un tiempo, con el fin de favorecer la germinación.

F1 La primera generación filial, el resultado del cruce entre dos progenitores puros.

Fertilización Unión sexual de una célula femenina y otra masculina.

Fortalecimiento Aclimatación gradual de las plantas a las condiciones de exterior.

Híbrido bigenérico Planta producida mediante polinización cruzada de dos plantas de distinto género.

Híbridos La progenie procedente de plantas de distintas especies o géneros.

Hormona Sustancia química que interviene en el crecimiento y desarrollo de la planta. Los polvos de enraizado con hormonas se suelen utilizar para favorecer el enraizado de los esquejes.

Injerto Unión de una porción de rama de una variedad determinada con un portainjertos de vigor y calidad conocidos.

Injerto de escudete (también llamado injerto de yema) Unión de una yema de una variedad con un portainjertos de vigor y calidad conocidos.

Injerto de lengüeta Se utiliza para crear algunos árboles frutales.

Injerto de sillín Método de injerto para plantas, especialmente para rododendros.

Injerto en "L" invertida Tipo de injerto utilizado para el rejuvenecimiento de árboles frutales.

Internudo Trozo de tallo comprendido entre dos nudos.

Marcottage También se denomina "Acodo Gootee", y se utiliza habitualmente para favorecer el enraizado de ramas de árboles y arbustos.

Mellar Referido a cortar superficialmente la cubierta de una semilla con una navaja afilada, para favorecer la germinación.

Nudo Punto del que surgen hojas, tallos y brotes. Suele ser ligeramente protuberante.

Ojo Yema en crecimiento en un tubérculo o yema de un tallo.

Planta madre Término que suele referirse a las raíces cortadas de los crisantemos. También se refiere a algunos arbustos con matas de brotes que crecen desde el nivel del suelo.

Plantador Herramienta de madera o de plástico que sirve para practicar agujeros en el suelo de un jardín (especialmente cuadros de hortalizas y viveros) o en el sustrato de bandejas o macetas. Los que se utilizan para exterior tienen 20-30 cm de longitud y suelen tener un mango en forma de "T" o de "D". Los que se utilizan para invernadero tienen forma de lápices planos y miden de 10-15 cm de longitud.

Plántulas Pequeñas plantas inmaduras que se desarrollan en las hojas o en los extremos de los tallos.

Polinización Paso del polen (parte masculina) de una flor al estigma (parte femenina) de la misma flor o de otra.

Portainjertos Raíz sobre la cual se injertan las plantas.

Propagación Reproducción de plantas.

Propagadores Recipientes cerrados, cubiertos con plástico o cristal, en los cuales se introducen las semillas para favorecer la germinación o los esquejes para que arraiguen. Algunos poseen calefacción.

Púa Rama o yema que se injerta en un portainjertos.

Rizoma Tallo horizontal, móvil, subterráneo o parcialmente subterráneo que actúa como órgano de almacenamiento de nutrientes. Puede dividirse para crear nuevas plantas.

Serpollo Brote o rama que surge por debajo del nivel del suelo y que habitualmente proviene de las raíces, aunque también puede venir de los tallos.

Siembra con gel Mezclar las semillas con un gel en una bolsa de plástico e irla exprimiendo poco a poco sobre un surco, con el objetivo de mantener las semillas húmedas antes de la germinación.

Sistema de riego en neblina (mist) Método para cubrir los esquejes con una fina película de agua con el objeto de mantenerlos frescos, reducir la transpiración y favorecer el arraigado rápido.

Sustrato Mezcla en la que se insertan los esquejes, se siembran las semillas y se plantan las plantas en macetas. También puede referirse al material vegetativo descompuesto que se mezcla a veces con la tierra de jardín o que se usa como mantillo.

Tallo rastrero Brote que crece a lo largo del suelo, enraizando y formando nuevas plantas.

Trasplante Traslado inicial de las plántulas desde el lugar donde se han sembrado a macetas o bandejas. Traslado de las plantas jóvenes desde un vivero hacia el lugar donde crecerán y madurarán. Este término también se usa para el traslado de plantas ya establecidas.

Triángulos de hoja Pequeños triángulos obtenidos al cortar una hoja y que se pueden enraizar.

Tubérculo Raíz carnosa espesa (dalia) o tallo subterráneo (patata). Se pueden reproducir por división.

Variedad Plantas reproducidas a partir de semillas que tienen un ancestro común.

Vegetativo Término referido al tipo de reproducción, que incluye el esqueje, el acodo, el injerto y la división. La siembra de semillas no es un método vegetativo.

Índice alfabético

Acodo 3, 33, 34
- apical 33
- de plantas de interior 35

Aislamiento de invernaderos 7
Alegría de la casa 20
Almacenamiento de semillas 9
Anuales 4, 10
- resistentes 10, 12-13
- semirresistentes 10

Árboles 5, 10, 33
- frutales 5, 40-41

Arbustos 4, 10, 33

Bayas 5
Bienales 4, 10, 14-15
- resistentes 10

Bolsas de plástico 7
Bulbos 32

Cactus 29
Cajoneras 7
- frías 7
- (o bandejas) sembradoras 6, 18, 19

Cajones de savia 41
Calefacción de invernaderos 7
Campanas de vidrio 7
Cinta 36
Copa del árbol frutal 40
Cormos 32
Cuidado de las plantas jóvenes 19
Cuidado posterior 7

Dalias 32
División 3
- de herbáceas perennifolias 30

Enraizado en agua 20-21, 28
Entresacado de plántulas 15
Equipo 6-7
Espaciado y trasplante de plántulas 15
Espatifilio 31
Esquejes 3
- apicales 20
- de caña 28
- de hoja 26-27
- de hoja con pecíolo 25
- de hoja con yema 24
- de madera blanda 20-1
- de madera semidura y madera dura 22
- de raíz 23
- de raíz horizontales 23
- de raíz verticales 23
- de tallo 25
- de tallo y de hoja con pecíolo 25
- de yema 24
- "Ti-log" 33

Estratificación de semillas 9

Filodendro 34

Germinación 9, 11
Glosario 79

Hedera 34
Herbáceas perennifolias 4, 10, 14-15, 30
- resistentes 10

Herramientas 6-7
Hiedra 34
Higueras del caucho 35
Hormonas de enraizado 21
Hortalizas 5, 11, 16-17

***I**mpatiens walleriana* 20
Injerto 3, 40-41, 41
- de corteza 40
- de empalme lateral externo 41
- de escudete (o de yema) 3, 38
- de lengüeta 39
- de sillín 39

Invernaderos 6-7, 18-19
Iris germanica 32

***K**alanchoe daigremontiana 36*
Kalanchoe delagoensis 37

Lengua de tigre 27, 31
Lirio azul 32

Macetas 6
Materiales 6-7
Momento adecuado 7

Palmeras 11
Patatas 17
Pelargonios 21
Philodendron scandens 34
Plantas condimienticias 5, 11
Plantas de interior 31, 34, 35
Plántulas 36-37
Polvo de enraizado 21
Propagadores 7
Púas 39, 40, 41

Recolección de semillas 8
Rizomas 32
Rododendros 39
Rosales 4, 38

***S**aintpaulia* 21,31
Sansevieria trifasciata 27, 31
Semillas 3
- cuándo sembrarlas 10, 12, 14
- de hortalizas 16-17
- en un invernadero 18-19
- favorecer la germinación de 9
- plantas que se reproducen a partir de 10-11
- recogida de 8
- siembra de 10, 12 14, 17, 18-19

Sistemas de riego en neblina 7
Suculentas 29
Surcos 16
Sustratos 6

Tallos rastreros 36-37
Tamices 6
Tierra de jardín 7
Trasplante de plántulas 15,19
Trepadoras 4, 11,33
Tubérculos 32

Viabilidad de semillas 9
Violeta africana 21

Zanjas de base plana 17

Agradecimientos

AC&G Books desea agradecer su contribución a ***Thompson & Morgan:*** venta de semillas de calidad desde 1855, *proporciona la mejor calidad en semillas de flores y hortalizas y en variedades de plantas de flor para el jardinero aficionado,* Thompson & Morgan (Reino Unido) Ltd, Poplar Lane, Ipswich, Suffolk, IP8 3BU. Fotografías: AC&G Books, David Squire (páginas 4 ar.i., 4 ab.d., 5 ar.i., 5 ar.d., 10 ar.i., 10 ar.d., 11 ar.i. y 11 ar.d.), Garden Matters (página 4 ab.i.) y Thompson & Morgan (páginas 10 ab.i. y 11 ar.c.).